植 | 物 | 造 | 景 | 丛 | 书

行道植物景观

周厚高　主编

江苏凤凰科学技术出版社

图书在版编目（CIP）数据

行道植物景观 / 周厚高主编 . -- 南京 : 江苏凤凰科学技术出版社，2019.5
(植物造景丛书)
ISBN 978-7-5713-0232-0

Ⅰ. ①行… Ⅱ. ①周… Ⅲ. ①道路绿化－景观设计 Ⅳ. ① TU986.2

中国版本图书馆 CIP 数据核字 (2019) 第 059689 号

植物造景丛书——行道植物景观

主　　编　周厚高
项目策划　凤凰空间 / 段建姣
责任编辑　刘屹立　赵　研
特约编辑　段建姣

出版发行　江苏凤凰科学技术出版社
出版社地址　南京市湖南路1号A楼，邮编：210009
出版社网址　http：//www.pspress.cn
总　经　销　天津凤凰空间文化传媒有限公司
总经销网址　http：//www.ifengspace.cn
印　　刷　北京博海升彩色印刷有限公司

开　　本　710 mm×1000 mm　1 / 16
印　　张　12
字　　数　230000
版　　次　2019年5月第1版
印　　次　2024年1月第2次印刷

标准书号　ISBN 978-7-5713-0232-0
定　　价　88.00元

前言 | Preface

中国植物资源丰富，园林植物种类繁多，早有“世界园林之母”的美称。中国园林植物文化历史悠久，历朝历代均有经典著作，如西晋嵇含的《南方草木状》、唐朝王庆芳的《庭院草木疏》、宋朝陈景沂的《全芳备祖》、明朝王象晋的《群芳谱》、清朝汪灏的《广群芳谱》、民国黄氏的《花经》、近年陈俊愉等的《中国花经》等，这些著作系统而全面地记载了我国不同时期的园林植物概况。

改革开放后，我国园林植物种类不断增多，物种多样性越发丰富，有关园林植物的著作也很多，但大多数著作偏重于植物介绍，忽视了对植物造景功能的阐述。随着我国园林事业的快速发展，植物造景的技术和艺术得到了较大进步，学术界、产业界和教育界的学者及工程技术人员、园林设计师和相关专业师生对植物造景的知识需求十分迫切。因此，我们主编了这套“植物造景丛书”，旨在综合阐述园林植物种类知识和植物造景艺术，着重介绍中国现代主要园林植物景观特色及造景应用。

本丛书按照园林植物的特性和造景功能分为八个分册，内容包括水体植物景观、绿篱植物景观、花境植物景观、阴地植物景观、地被植物景观、行道植物景观、芳香植物景观、藤蔓植物景观。

本丛书图文并茂，采用大量精美的图片来展示植物的景观特征、造景功能和园林应用。植物造景的图片是近年在全国主要大中城市拍摄的实景照片，书中同时介绍了所收录植物品种的学名、形态特征、生物习性、繁殖要点、栽培养护要点，代表了我国植物造景艺术和技术的水平，具有十分重要的参考价值。

本丛书的编写得到了许多城市园林部门的大力支持，黄子锋、王凤兰参与了前期编写，王斌、王旺青提供了部分图片，在此表示最诚挚的谢意！

编者

2018 年于广州

目录 Contents

第一章 行道植物概述

造景功能

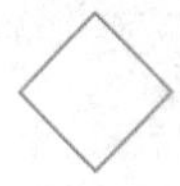

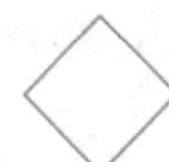

道路绿化作为城镇绿地系统的网络和骨架，是绿化系统连续性的主要构成因素，行道树直观、突出地反映了城镇风貌，是道路绿化的重要部分。道路两旁成行栽植的行道树为道路提供了近似封闭的独立空间，使车辆行驶时尽量少地受外部因素的干扰，同时，整齐美观的行道树改变了由水泥构筑路面的枯燥和单一，形成一道优美而又颇具气势的亮丽风景。

行道树是指在公路与道路两旁成行栽植的树木，具有绿化、美化、防护、生态、遮阴等功能，在道路绿化与园林绿化中起着重要作用。

行道树的主要类群

依行道树的生态习性分类

根据其生态习性可以将行道树分为常绿行道树和落叶行道树。

- 常绿行道树

四季常青，叶片一年四季都保持绿色，换叶时新叶发出后，老叶依次凋落，或者新叶萌发与老叶凋落同时段发生，季相变化不明显。根据叶片的形态又可分为常绿针叶树（如雪松）、常绿阔叶树（如樟树）及特殊树种（包括竹类及棕榈类）。常绿行道树种类及品种非常多，如女贞（*Ligustrum lucidum*）、荷花玉兰（*Magnolia grandiflora*）、雪松（*Cedrus deodara*）、榕树（*Ficus microcarpa*）、红花羊蹄甲（*Bauhinia blakeana*）、蒲葵（*Livistona chinensis*）、棕榈（*Trachycarpus fortunei*）、桉树（*Eucalyptus* spp.）、樟树（*Cinnamomum camphora*）等。华南地区的行道树主要使用常绿树种。

- 落叶行道树

具有明显的季相变化，春季树叶萌发，夏季枝叶繁茂，秋季叶片变色并开始凋落，冬季基本无叶。根据叶片的形状也可将其分为落叶针叶树和落叶阔叶树。落叶行道树树种在北方及中部省区使用较多，常见的品种有枫香（*Liquidambar formosana*）、银杏（*Ginko biloba*）、喜树（*Camptotheca acuminata*）、国槐（*Sophora japonica*）、毛白杨（*Populus tomentosa*）、法国梧桐（*Platanus orientalis*）、水杉（*Metaasequoia glytostroboides*）等。

依行道树的功能分类

根据行道树的使用功能可分为遮阳类、观叶类、观花类及经济类。

- 遮阳类行道树

此类树种具有分枝点高、冠幅大、枝叶浓密等特点，除了遮阴外，还兼有观叶的功能，如樟树（*Cinnamomum camphora*）、榕树（*Ficus microcarpa*）、法国梧桐（*Platanus orientalis*）等。

- 观叶类行道树

一般树冠圆润，或者具有规则的或特殊的冠形，如尖塔形、伞形等。大部分针叶树及棕榈科植物和部分常绿阔叶树、落叶阔叶树属于此类行道树。这类树种成行、成列种植能营造整齐、简洁、轻快的景观。常用的树种有圆柏（*Sabina chinensis*）、雪松（*Cedrus deodara*）、侧柏（*Platycladus orientalis*）、大王椰子（*Roystonea regia*）、凤凰木（*Delonix regia*）、樟树（*Cinnamomum camphora*）、枫香（*Liquidambar formosana*）、油棕（*Elaeis guineensis*）等。

- 观花类行道树

具有鲜艳的花，鲜花开放时花朵繁多，一片繁花似锦的景象，或者花先于叶开放，花色艳丽，花期较长。专门用来观花的行道树较少，一般是开花时观花，花前、花后还可观叶、观形。此类树种有红花羊蹄甲（*Bauhinia blakeana*）、木棉（*Bomba × ceiba*）、白玉兰（*Magnolia denudata*）、云南樱花（*Prunus cerasoides*）等。

- 经济类行道树

具备速生及材质优良的特性，或者是果实可

以食用或者是部分器官能提供药材等。此类树种目前用得最多的是桉树（*Eucalyptus* spp.），此外还有银杏（*Ginko biloba*）、芒果（*Mangifera indica*）等。

本书按照生物学特性和植物景观形态将行道树分为常绿型行道树、落叶型行道树和棕榈型行道树。棕榈型行道树特指植株树干不分枝、叶大型、叶集中着生树干顶端的一群植物。该类植物外形奇特、景观突出，是营造热带景观的常用植物。代表类群包括棕榈科的乔木类型、苏铁类的大型种类、露兜类的高大种类等。

行道树的树种选择

就行道树本身的形态生理特性及应用特性来说，行道树树种的选择应考虑的条件包括：树形整齐，枝叶茂盛，冠幅较大，遮阴效果好；树干通直，材质好，不易被风刮断，无臭味，无毒，无刺激；繁殖容易，生长迅速，移栽成活率高，寿命较长；滞尘、防尘能力强，对有害气体抗性强，病虫害少；适应性强，耐修剪，养护管理容易。

考虑当地的环境条件和气候特征

行道树的选择要充分考虑当地的环境条件和气候特征。我国南北气候差异大，所以不同地方行道树的选择也不尽相同。南方温度高、湿度大、降水多，植物终年生长，行道树种类繁多，适宜栽植的行道树有银杏（*Ginko biloba*）、樟树（*Cinnamomum camphora*）、水杉（*Metaasequoia glytostroboides*）及桂花（*Osmanthus fragrans*）等。而我国北方干旱少雨，气候干燥，空气湿度小，土壤瘠薄，所以适宜栽植的行道树较少，常见品种有水杉（*Metaasequoia glytostroboides*）、复羽叶栾树（*Koelrecuteria bipinnata*）、旱柳（*Salix matsudana*）、国槐（*Sophora japonica*）及女贞（*Ligustrum lucidum*）等。因此，要根据栽培地的具体情况选择适宜的树种。

考虑道路的建设标准和周边环境

行道树的选择，还应考虑道路的建设标准和周边环境的具体情况。在规划种植行道树的地方如果上方有架空线路通过时，最好选择生长高度低于架空线路高度的树种，这样有利于相关设施的维护和行道树的修剪。树木的分枝点要有足够的高度，且在同一条道路上保持一致，不得妨碍道路车辆的正常行驶和行人的通行，一般以 3~4m 为宜或按照国家设计规范确定枝下高。

宜选用遮阴效果好、树形优美且对环境不造成污染的树种

所选择的常绿树与落叶树要有一定比例，用不同的树种进行隔离，以防虫、防老化，保持生态平衡。在有条件的城市，最好是一街一树，构成一街一景的独特风景，这样更能体现大自然的季节变化，美化了城市道路，还能起到城市交通向导作用。

在郊外及乡间公路上栽植行道树，除了考虑绿化、遮阴及防护的作用外，还可以考虑木材和林副产品的生产以及行道树的养护管理成本等。因此，应注重速生长、抗污染、耐瘠薄、易管理等因素。

应尽量多地开发利用乡土树种，以反映当地城市绿化的特色及文化内涵，也可以降低绿化成本。同时结合引种外来优良绿化树种，避免在一定范围内大量栽种单一树种，以增加当地城市森林植物多样性，丰富当地景观，为城市的绿化、美化添姿增彩。

行道树的功能

在公路和道路两旁种植行道树对构建和谐社会具有重要意义。在以人为本、人与自然和谐相处的社会中，行道树缓解了人与自然的矛盾，不仅起到了绿化美化、遮阴、防护、组织交通等社会作用，还具有杀菌、防尘、降低噪声、吸收有害气体等生态环保功能，极大地降低了人为因素对环境的不利影响。

完善道路服务体系、提高道路服务质量

主要体现在美化道路环境，缓解司机疲劳，延长道路使用年限等方面。

道路绿化作为城镇绿地系统的网络和骨架，是绿化系统连续性的主要构成因素，直观、突出地反映了城镇风貌。道路绿化质量与道路服务质量密切相关，道路两旁成行栽植的行道树为道路提供了近似封闭的独立空间，使车辆行驶时尽量少受外部因素的干扰。同时，整齐美观的行道树改变了由水泥构筑路面的枯燥和单一，从而形成了一道优美而又颇具气势的亮丽风景。绿色的植物给人以平和、宁静的感觉，在绿色的环境中，驾驶员和行人均能感到舒适和安全，能缓解驾驶员的疲劳，降低交通事故的发生概率。

种植在路旁的行道树可以截留部分降水，减缓雨水对路面的冲刷，炎热的夏天还能遮挡强烈的阳光，降低周围环境的温度，为行人及车辆提供阴凉的环境。其深入地下的根系能与土壤紧密结合，在稳定路基、加固路肩、保持水土和防止边坡坍塌等方面都有明显的作用，极大地提高了道路质量。

净化空气、降低噪声

每一株树木的树冠都相当于一个大型的空气过滤器。所有的树木都具有滞尘、防尘的作用，有计划地在道路两旁种植行道树，对于由于季风和车辆行驶产生的尘埃具有明显的防除作用，其中榆树（*Ulmus pumila* L.）、广玉兰（*Magnolia grandiflora*）、朴树（*Celtis sinensis* Pers.）等树种滞尘效果较好。

随着工业的发展，每天都有大量有害、有毒气体排向大气，行道树对这些污染环境、危害生命的气体具有很好的吸收和防除功能。据测定，污染大气的有毒气体主要有二氧化硫、氟化氢、氯气、氮氧化合物等。抗二氧化硫的树种有白蜡（*Fraxinus chinensis*）、法国梧桐（*Platanus orientalis*）、垂柳（*Salix babylonica*）、女贞（*Ligustrum lucidum*）、国槐（*Sophora japonica*）、侧柏（*Platycladus orientalis*）、云杉（*Picea asperata* Mast.）、银杏（*Ginko biloba*）等，其中阔叶树种比针叶树种强。对氟化氢有净化及抗性的有大叶黄杨（*Euonymus japonicus*）、白皮松（*Pinus bungeana* Zucc.）、榆树（*Ulmus pumila* L.）苦楝（*Melia azedarach*）、侧柏（*Platycladus orientalis*）、臭椿（*Ailanthus altissima*）、法国梧桐（*Platanus orientalis*）、山楂（*Crataegus pinnatifida* Bge.）等；对氯气及氯化氢酸雾有抗性的植物有银桦（*Grevllea robusta*）、法国梧桐（*Platanus orientalis*）、女贞（*Ligustrum lucidum*）、棕榈（*Trachycarpus fortunei*）、水杉（*Metaasequoia glytostroboides*）等。

此外，行道树还能吸收二氧化碳、放出氧气，从而起到净化空气、维持空气成分比例的功能。不同树种具有杀灭不同细菌、病原菌的作用，一般来说，绿化较好的空间比绿化差的空间含菌量要少。行道树还有降低噪声的功能，因此在机场周围的公路两侧、高速路的两旁常种植相对较密集的行道树来降低噪声。

提供木材和林副产品

部分行道树具备速生及材质优良的特点，因此栽种在公路两侧的绿化林带既具有绿化、防护等功能，还具有提供木材及林副产品的功能。

行道树的栽培与养护

行道树的栽培与养护主要包括行道树的移栽、水肥管理、整形修剪及病虫害防治。

行道树的移栽

- 移栽时期的选择

根据植物的生长特点，应选择在行道树的休眠期进行移栽，以春、秋季为宜。春季植树的适宜时期为土壤解冻后至芽萌动前，这一时期移栽，气温逐渐升高，有利于受伤根系恢复生长。部分常绿树种可在雨季移栽，因为雨季空气湿度大，树体蒸腾小，树体容易保持水分代谢平衡，有利于提高移栽成活率及恢复时间，获得较好的移栽效果。如果一定要在高温、晴朗的天气移栽，要实行遮阴、喷雾等措施，以防被强烈的阳光及高温损伤。

- 移栽前的准备

①挖坑：根据所选树种的大小确定坑的大小和深度，一般情况，树坑的宽度为所选树种直径的4~6倍，坑深1m以上。挖好坑后，在坑内预埋基肥，在基肥上覆表土一层，等候移栽。

②定干及截冠：根据栽培环境及应用功能确定分枝点高度，一般最低不低于2m。为了减少水分的散失及运输的方便，对规格较大的树木要进行截干。在树木的定干高度以上选择分枝方向较好的3~4个枝条作为主枝，每个主枝从主干分枝部留30~40cm进行重截，多余枝全部剪去。截冠时，锯口面应平滑倾斜，以免下雨后锯口面积水而感染病虫害，或用塑料袋将锯口包扎，这样可以减少水分的蒸发。现在广泛采用容器苗，实现全冠移植。

- 移植、栽植的方法

①起苗：土壤干旱时应在起苗前两三天灌水，以利于土球的形成及防止和减少根系劈裂受伤。起苗时根系所带土球的直径应为干径的3~4倍，土球挖起后立即用草绳包扎好，一些结构较松散的壤土可边挖边包扎，以防止土球松散。起苗后用草绳将树干严密包裹，既可防止水分散失，又可防止运输时被损伤。

②栽植：栽植前将有不规则伤口的根系进行修剪，这样有利于伤口的愈合。再用多菌灵处理根系或土壤，然后将土球轻轻放入准备好的土坑中，将草绳割断，填埋表土，回填到一半时用脚踏实再继续填土，直到与树池平齐，然后立即浇定根水，一次性灌足，使根系与土壤紧密结合，有利于吸水、吸肥。栽植好后，对较大的树种要搭支架使其稳固，以防被风吹倒。

行道树的水肥管理

新栽树木要进行重点管理，每2~3天浇水一次，以保持土壤湿润为宜，避免浇水过多造成土壤板结，使土壤含氧量降低，影响根系的正常生长。阳光强烈的天气时要经常喷淋树木的地上部分，保持枝叶湿润。可每隔半个月施肥一次，以氮肥及磷肥较好。正常生长后，耐粗放管理，在长期干旱时注意灌水，一般不需追肥。

行道树的整形修剪

为了调节树势，改善通风透光条件，保证行道树树形美观，必须做到及时修剪整形，每年及时修除干基萌蘖，修剪树冠中的病枯枝、杂乱枝，保持树形整齐美观。高大乔木要注意不能干扰架空线。树干分枝点要高，不挂车辆，不碰行人头，不妨碍司机视线。

- 有中心主干树种的整形修剪

这种树的中心主干具较强的生长优势，主侧枝比较发达，通常能形成尖塔形、圆锥形至卵形的树冠，如塔柏（*Sabina chinensis* cv. pyramidalis）、雪松（*Cedrus deodara*）等。整形修剪的主要目的是保持中心主干的生长优势，及时剪除与之竞争的并行枝、徒长枝等，防止多头现象，维持优良美观的树形。

- 无中心主干树种的整形修剪

这类行道树具有明显的主干，但中心主干不明显，在中心主干上着生的主侧枝数量较少，一般为 2~4 层，它们与中心主干的生长势差不多，如法国梧桐（*Platanus orientalis*）、刺槐（*Robinia pseudoacacia*）等。这类树种的整形应在达到定干高度后，由上部分枝中按 2~4 层选留 5~7 个主侧枝，在中心主干位置也应保留 1 个具有生长势较强的主枝，使它们能匀称地生长，从而组成完整丰满的树冠。

- 整形修剪的方式

①截枝。对道路两旁由于过分伸展到道路中央而又长出许多次级分枝的侧枝和过于老化的侧枝可以采用截枝的修剪方式，从侧枝近基部用锯子锯掉，此为重截。对于上方有架空线的树种也可采用重截的方式截掉中间的粗枝。轻截则是截掉修剪枝 1/3 左右，使修剪枝重新长出新枝，从而使树冠更为圆润。对树冠比较稀疏的树种可使用轻截，从而促使多发侧枝，改善树形。

②疏枝。疏枝的主要对象有四种，一是疏掉过于密集、影响采光、容易引发病虫害的部分枝条；二是疏去突出于树冠之外，有损冠形美观的徒长枝；三是疏掉主干上萌发出来的对树冠形成没有影响的新枝；四是疏去架空线下对架空线可能造成损害的当年生新枝，使树冠成杯状形。

③抹芽和摘心。将生长位置不适宜或多余的芽抹掉，以利于集中养分供应目的枝，抹芽多用于刚移栽的大树或刚移栽的苗木。在生长前期对部分顶芽进行摘心，可以促进分枝的产生，还有控制生长、防止徒长和促进组织硬化的作用。抹芽和摘心在行道树的修剪中应用较少。

行道树的病虫害防治

由于自然条件的变化和人为干扰因素的影响，园林行道树在生长发育过程中经常遭受病虫害的危害。危害行道树的有各种病菌及以吃食树叶或吸取汁液为生的害虫，如有毒娥类、刺娥类、绿尾大蚕娥、蚜虫、介壳虫等。因此，为了维持行道树的正常生长发育、保持行道树正常功能的发挥，园林植物病虫害防治应在“预防为主，综合治理”的方针指导下，贯彻“以园林技术措施为基础，充分利用园林生物群落间相互依从、相互制约的客观规律，因地制宜地协调好生物、物理、化学等各种防治方法，以达到经济、安全、有效地控制病虫不成灾的目的”。

- 合理规划，使行道树品种多样化

在适合当地气候条件的情况下，选择各种不同科属、不同形态特征及生理习性的树种，使整个地区形成一个人工的生物群落，尽可能地使各种生物维持生态平衡，使用自然天敌来控制病虫害的蔓延和扩大，从而达到生物防治的目的，减少病虫害灾难的发生。

- 合理养护

合理的管理和养护可以创造有利于行道树生长发育的条件，使行道树生长旺盛，增强树木的抗病虫害能力，还可以创造不利于病虫害生长发育及繁殖的环境，从而抑制病虫害的发生。

- 适当应用化学药剂

适当使用低毒、低残留的化学药剂，对病虫害的防治具有很好的效果。

- 做好越冬的防治措施

越冬防治对树木病虫害的防治具有重要作用，越冬防治主要用培土除杂、树干涂白、施肥、树枝修剪等措施。给树干涂白（涂白剂主要由生石灰、硫黄粉和水组成）不仅可以杀菌、杀虫卵和防止树上的病虫下地产卵过冬，以杀死病虫，达到预防的目的，还具有防冻、保暖的作用。对树木进行适当的疏枝修剪，可以增强枝叶间的通风透气能力，破坏病虫的生活空间和生存环境。

第二章 常绿型行道树造景

造景功能

四季常青，树冠一年四季都保持绿色，换叶时新叶发出后，老叶依次凋落，或者新叶萌发与老叶凋落同时段发生，季相变化不明显。根据叶片的形态可分为常绿针叶树（如雪松）、常绿阔叶树（如樟树）及特殊树种（包括竹类）。

黄槐

别名：黄槐决明
科属名：苏木科决明属
学名：*Cassia surattensis*

形态特征

半落叶小乔木，高 3~5m。1 回偶数羽状复叶互生，小叶约 8 对，长卵形，长 2~4cm，先端钝或微凹，有明显的线形托叶。腋生总状伞房花序，花黄色，多成簇，雌雄同花；具 5 枚花瓣，全年均可开花，4~12 月最盛。荚果扁平，长 7~12cm。

适应地区

原产于印度、斯里兰卡、澳大利亚。我国广泛栽培于福建、广东、广西、云南。

生物特性

喜高温，日照需充足，耐旱。阳性，耐半阴，耐干旱和耐寒。对土壤要求不苛，但因浅根性，强风易倒伏，抗风力弱，萌生力强。

繁殖栽培

以播种法繁殖，春至夏季为适期。种子宜用热水处理。春至夏季生育期每 1~2 月追肥一次。栽培土质以排水良好的壤土或砂质壤土为佳。不抗风，栽植初期，须注意撑杆防倒。

黄槐株形

黄槐行道树景

黄槐行道树景

黄槐花序和果特写 ▷

✲ 园林造景功能相近的植物 ✲

中文名	学名	形态特征	园林应用	适应地区
红花决明	*Cassia roxburghii*	株高 8~12m。枝叶密集。总状花序，花冠有粉红、粉黄、粉白 3 色。6~8 月间开花	花姿清柔美观，适合庭院绿阴美化或做行道树	同黄槐

景观特征

枝叶茂密，树姿美观，几乎常年开花，花色金黄灿烂，花团锦簇，甚是美观。

园林应用

热带地区栽培为行道树或庭院树，也是理想的速生美化树种。

黄槐行道树景观

红花羊蹄甲

别名：红花紫荆、洋紫荆
科属名：苏木科羊蹄甲属
学名：*Bauhinia blakeana*

形态特征

常绿乔木，高达 15m。树冠广卵形。小枝细长下垂，被毛。叶互生，圆形或阔心形，长阔为 8~15cm，革质，青绿色，背面疏被短柔毛，腹面无毛，通常有脉 11~13 条，顶端 2 裂，裂片为全长的 1/4~1/3，有钝头。总状花序长约 20cm，花紫红色，芳香，径 12~15cm，通常不结实；5 枚浅粉红色的花瓣，花瓣先端有较多皱褶，雄蕊 5 枚，3 长 2 短。几乎全年开花，春、秋两季为盛花期。

羊蹄甲

适应地区

我国华南地区常见栽培，为香港市花。

生物特性

喜光，喜温暖、湿润气候。对土壤要求不严，以排水良好的砂质壤土最好。适应性强，耐干旱、瘠薄，萌芽力强，移植成活率高，生长迅速。抗氟化氢强，抗机动车尾气污染能力一般，抗风能力较弱。

繁殖栽培

一般采用嫁接法。以羊蹄甲做砧木，用红花羊蹄甲做接穗进行嫁接。主要还是采用扦插进行繁殖，将枝条剪成约长 20cm 的插穗，进行扦插。红花羊蹄甲易于移栽成活，在每年冬季至春季强寒流来袭时会有落叶现象，可趁此修剪整枝，使树形更加美观。

景观特征

枝条扩展而弯曲，枝叶婆娑，叶大而奇异，树阴浓密；花略香，姹紫嫣红，且常年开花，为美丽的南方木本花卉。

园林应用

为观赏树种，公园、庭院、道路、工厂、学校广为栽植，丛植、行植、片植均可。宜做行道树，遮阴和景观效果好。

＊园林造景功能相近的植物＊

中文名	学名	形态特征	园林应用	适应地区
紫荆羊蹄甲	*Bauhinia variegata*	半落叶，茎干较直。叶裂片长为叶片的 1/4~1/3，基生叶脉 11 条。花瓣粉红色，雄蕊 5 枚，能结果	同红花羊蹄甲	同红花羊蹄甲
白花羊蹄甲	*B. v.* var. *candida*	花瓣白色，雄蕊 5 枚。花期 3~5 月，能结果	同红花羊蹄甲	同红花羊蹄甲
羊蹄甲	*B. purpurea*	叶裂片长为叶片的 1/3~1/2，基生叶脉 9~11 条。花瓣粉红色，雄蕊 3 枚，能结果	同红花羊蹄甲	同红花羊蹄甲

紫荆羊蹄甲花序 ▷

红花羊蹄甲花序

紫荆羊蹄甲花序

紫荆羊蹄甲景观

红花羊蹄甲景观

马占相思

别名：马尖相思
科属名：含羞草科相思树属
学名：*Acacia mangium*

形态特征

乔木，高约30m，胸径达60cm。树皮暗棕色，纵裂，嫩枝青绿、三棱。幼苗长出4~6对复叶后，再长出的新叶叶柄膨大成叶状，主脉4条明显，网脉纤细。穗状花序下垂，花灰白至浅黄色。荚果成熟时为不规则螺旋条状。种子椭圆至卵形，黑色，附有橘黄色珠柄，并以此把种子依附在荚果内。9~10月开花，翌年5~6月果实成熟。

适应地区

我国海南、广东、广西、福建等省区有引种。

生物特性

根系有固氮细菌，能改善贫瘠泥土；树冠茂密，能抑制林下植物生长，故常选植为隔火林。马占相思在原产地多见于沿海缓坡、内陆丘陵和低山的变质岩以及花岗岩和酸性火山灰形成的酸性土壤。若生于含氮和含磷过低的土壤，则叶色变黄，生长缓慢。叶大、速生、冬天不落叶。

繁殖栽培

树种皮坚硬，且外层裹有蜡质，不易吸水膨胀，播种前用5~10倍于种子体积的热水浸种至冷却，再用清水浸种一昼夜，取出种子晾干，置于沙床常温催芽。小苗种植后，不需多打理，成活率甚高。移栽时间选择在3~4月中旬雨季种植。栽培的第一年，4~5月进行铲草、松土、施肥，施肥用量为尿素50g每株；7~8月进行第二次施肥，用量为复合肥100g每株。

马占相思果特写

景观特征

主干明显、通直，树冠高大而挺直，适应性强，生长迅速。

园林应用

是绝佳的造林树种，种植于山坡水塘区，不宜做遮阴树。可做公路行道树和营造防风林、防火林，具有速生、有根瘤、能固氮等显著特点。耐干旱、耐瘠薄，适合于多种土壤，具有良好的改良土壤性能，可迅速美化环境，涵养水源，其生态效益、经济效益、社会效益相当显著。

✽ 园林造景功能相近的植物 ✽

中文名	学名	形态特征	园林应用	适应地区
大叶相思	*Acacia auriculaeformis*	枝条下垂。叶状柄镰状，长圆形，两端渐狭，革质。荚果成熟时旋卷	同马占相思，但树冠质地较细腻	同马占相思
台湾相思	*A. confusa*	叶状柄披针形，弯似镰刀，革质。头状花序，黄色，腋生。荚果扁平	同马占相思，但树冠质地较细腻	同马占相思

马占相思花枝特写 ▷

马占相思景观

台湾相思花序

大叶相思花序

台湾相思景观

大叶相思景观

南洋楹

别名：仁仁树、仁人木
科属名：含羞草科银合欢属
学名：*Albizzia falcata*

形态特征

常绿大乔木，高可达 45m，胸径 1m 以上。树干通直，树冠伞形。嫩枝圆柱状或微有棱，被柔毛。叶为 2 回羽状复叶，绿色；羽片 11~20 对，上部通常对生，下部有时互生；小叶 14~20 对，细小，对生，被短毛，无柄，长圆形。穗状花序腋生，单生或数个组成圆锥花序状；花淡黄绿色；花香。荚果条形，熟时开裂。种子数多。春末至夏初为开花期，种子夏、秋季成熟。

适应地区

热带地区广为栽培。我国福建、广东、海南、广西均有栽培。

生物特性

喜阳光充足和湿润气候，不耐阴，能适应年平均气温为 20~28℃、年降水量为 1500~2000mm 的气候环境。根系发达，对土壤要求不严，在疏松、湿润、排水良好的酸性土（pH 值为 5~6）中生长良好，忌黏重、干燥、瘠薄、低洼积水的土壤。为世界著名的速生树种之一。抗风力差，枝丫易折。萌芽力强。根系发达，有根瘤菌，能固氮以改善自身的营养条件。

南洋楹株形

南洋楹景观

繁殖栽培

以播种繁殖为主，也可扦插繁殖。适地适树，施足基肥，栽培后加强抚育管理和追肥，特别是当年和次年要结合抚育进行抹芽、修枝。栽植 3 年后，应根据不同的培育目的及时进行抚育间伐。南洋楹不耐阴蔽和树种竞争，因而初植密度不宜过密。

景观特征

树冠广阔，花淡黄白色，春末夏初开花。生长迅速，树形美观，用途广泛。

园林应用

南洋楹根系含有根瘤菌，有良好的固氮作用，是改良、提高土壤肥力的优良树种之一。可做经济林木，也可种植于庭园作为绿阴树，在南方很有发展前途。为良好的园林风景树和绿阴树，可植于平地和山坡地带。

南洋楹枝叶特写 ▷

南洋楹景观

印度紫檀

别名：紫檀

科属名：蝶形花科紫檀属

学名：*Pterocarpus indicus*

印度紫檀枝叶

形态特征

落叶大乔木，高 20~25m。树皮黑褐色，树干通直而平滑，具板根。叶互生，奇数羽状复叶，下垂，小叶 5~12 片，长圆形或阔卵形，长渐尖；托叶条形，早落。总状花序或圆锥花序排列；花黄色，蝶形，芳香，花瓣边缘皱褶，单体雄蕊。荚果扁圆形，中央肥厚，内藏种子。花期 4~5 月，果期 8~9 月。印度紫檀和菲律宾紫檀两者的差别，在于荚果中间长种子的部分，印度紫檀无刺，菲律宾紫檀有短刺。

印度紫檀景观

适应地区

原产于印度、爪哇、菲律宾、马来西亚、缅甸和我国广东。

生物特性

树性强健，成长快速。栽培土质以土层深厚的壤土或砂质壤土最佳，排水需良好，日照宜充足，阴蔽处也徒长。喜高温、多湿，耐旱，生育适温为 23~32℃。生根易，萌芽力强。抗污染、抗风力强。

印度紫檀果枝

繁殖栽培

种子或扦插繁殖，用大枝扦插也易成活。树冠大，遮阴性佳，枝条稍软下垂，初期种植需常常修剪，以免枝条过度下垂影响行车视野。

景观特征

羽状复叶，叶序整齐，叶貌似杨桃叶，枝丫特长，呈放射状伸展，树冠伞形，冬季落叶后枝丫优美，春季嫩叶娇柔翠绿，春、夏花色鲜黄，具芳香味，花谢时满地金黄，常令人惊喜。

园林应用

树性强健，成长快速，绿阴遮天，为园景树、行道树之高级树种。其树形优美，适合做庭院树、行道树，木材纹理殷红高雅，为高贵的家具木材。

白兰

科属名：木兰科白兰属
学名：*Michelia alba*

白兰枝叶特写 ▷

形态特征

常绿乔木，高17m，胸径40cm。干皮灰色，枝有托叶环痕，芽有微毛。叶薄革质，叶互生，长椭圆形，顶端长渐尖，基部楔形，叶面绿色，叶背淡绿色；叶柄有微毛。花单生于叶腋，白色，肥厚，芳香，通常多不结实。花期4月下旬至9月下旬，开放不绝。

白兰景观

适应地区

我国华南各省区多有栽培，长江流域及华北地区盆栽。

生物特性

喜光照充足、暖热、湿润和通风良好的环境，不耐阴，也怕高温和强光。宜排水良好、疏松、肥沃的微酸性土壤，最忌烟气、台风和积水。喜高温，生长适温为23~30℃。

繁殖栽培

以高压法育苗，冬末选当年生枝条，由顶端往下30~45cm处，于平滑处环状剥皮1~2cm宽，包裹湿润的介质，以腐殖质壤土为佳，成活率较高。喜微潮的土壤环境，不宜使其遭受干旱，也要防止水涝发生。除在定植前给植株施用腐叶做基肥外，在生长旺盛季节里，应该每周追施一次稀薄液体肥料。露地栽培常有枝叶茂盛而开花少者，需停止施用氮肥，剪除徒长枝，施行曲枝，使其矮化，并用刀刻伤主干或除去部分叶片，增加磷、钾肥，以促进开花。

景观特征

树姿优美，叶片青翠碧绿，花朵洁白，香如幽兰。花开清香扑鼻，喜爱者众多，常见有人成串兜售，适合庭院美化或大型盆栽。

园林应用

树冠青翠，花开清香诱人，为高级的行道树、园景树、遮阴树。各式庭院、校园、公园、游乐区、庙宇等，均可单植、列植、群植美化，也常用于屋顶或阳台盆栽，宜用大口径花盆或砖砌的花槽种植。

✲ 园林造景功能相近的植物 ✲

中文名	学名	形态特征	园林应用	适应地区
黄兰	*Michelia champaca*	白兰与黄兰的形态很相似，但白兰树开的是白花，黄兰树开的是黄花	民间视黄兰为“吉祥树”，象征“金玉满堂”	同白兰

雨树

别名：伊蓓树、雨豆树
科属名：含羞草科雨树属
学名：*Samanea saman*

形态特征

落叶大乔木，高可达20m。树冠成伞形，高挑优美。叶互生，2回偶数羽状复叶；具羽片3~9对，对生；每一枚羽片具小叶2~8对，小叶对生似平行四边形，末端一对小叶。头状花序于枝端腋出，花丝细长，前端淡红色，形似粉扑；花两性，排成圆球形的头状或伞形花序，具总花梗，腋生或簇生于枝顶。荚果劲直，肉质，不开裂，缝线处增厚。种子间具隔膜，无假种皮。春至秋季开花。

适应地区

我国台湾、云南引入栽培。

生物特性

中性光照植物。喜高温至温暖，生育适温为22~31℃，生长快。耐旱、耐湿、耐瘠，易移植。天晴时像一把大伞一样张开投下树阴，天黑后及下雨时又会收起。

雨树景观

雨树花枝特写

繁殖栽培

以播种法繁殖为主，春季为适期。栽培土质以壤土为佳，日照要充足。此树成长快速，春至夏季为生育旺盛期。冬季落叶后整枝修剪一次，维护株形美观。

景观特征

叶子浓密翠绿，向四周作伞形张开，树冠非常艳丽，盛开红、黄两种花朵，显得热烈而典雅，只要轻风一吹，花瓣就会随风飞散开去，如蝴蝶群飞，景致绰约迷人。清晨站在树下，会感到丝丝小雨飘落而下。原来此树叶片有一触即合的特性，夜晚露珠落在叶片上，叶片立即闭合包住露珠，早上当叶片展开的时候，便滴滴答答地下起了小雨。

园林应用

有了雨树，再炙毒的阳光也不用惧怕，它是很好的行道树、庭院绿阴树。

雨树枝叶特写 ▷

雨树景观

雨树景观

雨树景观

荷花玉兰

别名：广玉兰、洋玉兰
科属名：木兰科木兰属
学名：*Magnolia grandiflora*

形态特征

常绿大乔木，高8~20m。树冠卵状圆锥形。小枝和芽均有锈色柔毛，托叶痕环状。叶全缘，厚革质，长椭圆形，长10~20cm，表面有光泽，背面有锈色柔毛，边缘微反卷。花朵生于枝条顶端，直径15~25cm，花白色，芳香；花通常6瓣，有时多为9瓣，花大如荷花，故名荷花玉兰，芳香。聚合果被褐色或淡灰黄色茸毛。种子外皮红色。花期5~7月，9~10月果熟。有一个变种叫狭叶广玉兰，叶较狭长，背面毛较少，耐寒性稍强。

荷花玉兰景观

适应地区

适宜在我国长江以南地区栽培，华北地区多为温室栽培。

生物特性

喜温暖、湿润气候，适应性强，较耐寒。在土层深厚、沃润且排水良好的酸性或中性土壤中生长良好。根系深广，能抗风。抗二氧化硫、机动车尾气和粉尘的能力较强。喜阳光，但幼树颇能耐阴，不耐强光或西晒，否则易引起树干灼伤。生长速度中等，3年以后生长逐渐加快，每年可生长0.5m以上。

繁殖栽培

播种、嫁接或高空压条繁殖。播种法，9月中旬采种，翌年2月中下旬播于露地苗床。压条法，母树以幼龄树或苗圃的大苗为最好，由于侧枝生长健壮，生活力强，发根容易。嫁接法，以紫玉兰为砧木，早春发芽前实行切接。因其根群发达，易于移栽成活。移栽时需要带土球，因枝叶繁茂、叶片大，新栽树苗水分蒸腾量大，容易受风害，所以移栽时应随即疏剪叶片。如土球松散或球体太小，根系受损较重的，还应疏去部分小枝。此树枝干最易为烈日灼伤，以致皮部爆裂枯朽，形成严重损伤，凡夏季枝干有暴露于烈日之下的，应及早以草绳裹护或涂抹石灰乳剂，以免造成不可挽救的损失。病虫害少。

景观特征

树干耸直，叶大浓郁，树姿端庄壮美，花似荷花，大而洁白，芳香馥郁，是适合于亚热带地区栽培的珍贵观赏树种。

园林应用

对二氧化硫、氯气抗性强，并有一定的吸收能力，是工厂区优良的抗污染绿化树种。其树枝雄伟，叶大光亮，四季常绿，是优良的绿化和观赏树，可做庭院树或行道树，既有优美的景观效果，又是净化空气、保护环境和防风的优良树种。可孤植或列植于道路两旁，也可群植，景观效果良好。

荷花玉兰果 ▷

荷花玉兰景观

荷花玉兰景观

荷花玉兰景观

*** 园林造景功能相近的植物 ***

中文名	学名	形态特征	园林应用	适应地区
厚朴	*Magnolia officinalis*	常绿大乔木。叶互生，革质，狭倒卵形，顶端有凹缺或成二钝圆浅裂片，下面灰绿色，幼时有毛	同荷花玉兰	长江流域地区
山玉兰	*M. delavayi*	常绿乔木。厚革质，卵形，卵状长圆形，先端圆钝，基部宽圆，叶背密被交织长茸毛及白粉；叶柄初密被柔毛	同荷花玉兰	西南地区

山玉兰景观

山玉兰景观

山玉兰花枝特写

白千层

别名：白瓶刷子树、剥皮树
科属名：桃金娘科白千层属
学名：*Melaleuca leucadendra*

白千层花序

形态特征

常绿大乔木。树皮具多数薄层海绵质，柔软而富有弹性，呈灰白色或褐白色片状，会自然脱落。单叶互生，5 出脉，椭圆披针形，长 4~8cm，宽 1~2cm；树叶的形状、质感和相思树的假叶很相似。每年 2 次花期于夏季及秋季开花，花白色或淡黄色，穗状花序顶生，形似瓶刷子，2~3 朵集生，异香，萼钟形，花瓣 5 枚；雄蕊多数，基部连成 5 束而与花瓣对生。蒴果短圆柱形，成熟后 3 裂。种子多数而细小。

白千层景观

适应地区

我国华南地区和台湾常见栽培。

白千层景观

生物特性

阳性，喜高温、湿润气候。较旱瘠的沙土和壤土均适生，喜排水良好的肥沃土壤。抗风、抗大气污染力强。树冠小，遮阴性差，却是抗二氧化硫的优良环保树种。成树强健，具抗强风能力。

繁殖栽培

播种繁殖。栽培地以富含有机质的砂质壤土为佳。排水需良好，日照需充足。幼株初期需水较多。

景观特征

树干挺拔、灰白，枝叶浓密，树姿整齐美观。开花时，白色的花挂满树冠，如鸟如蝶，引人入胜。

园林应用

常被作为森林栽植、行道树及防风树种。其花粉繁多飞散，敏感者吸入会造成呼吸道过敏、头痛、打喷嚏、恶心、气喘等。

楠木

别名：宜昌楠、小叶楠
科属名：樟科楠属
学名：*Phoebe zhennan*

形态特征

常绿大乔木。幼枝有棱，密被黄褐色或灰黑色毛。叶长圆形、长圆状倒披针形或窄椭圆形，长 5~11cm，宽 1.5~4cm，先端渐尖，基部楔形，上面有光泽，下面被短柔毛。圆锥花序腋生，被短柔毛；花被裂片 6 片，椭圆形，两面被柔毛。果序被毛；核果椭圆形或椭圆状卵圆形，成熟时黑色。花被裂处宿存，紧贴果实基部。花期 5~6 月，果期 11~12 月。

适应地区

分布于我国长江上游的四川中部和南部、贵州北部、湖北西部和湖南西北部等地。生于海拔 1100m 以下的阴湿山谷、山洼及河旁。

生物特性

苗期喜阴，需肥量较大，生长速度快。一年生实生苗可长到 80cm 左右，两年生苗高度可达 1.5m 左右。耐高温，40℃左右均能正常生长，-10℃左右也能安全越冬，适生能力较强。在土层深厚、肥沃及排水良好的中性、微酸性冲积土或壤质土上生长最好。中性偏阴性树种，扎根深，寿命长。

楠木景观

楠木景观

繁殖栽培

种子繁殖为主，幼苗期喜阴，生长较快。种子成熟期在小雪时节前后，果皮由青转变为蓝黑色，即达成熟。如需催芽，可贮放在温度较高或有阳光照射的地方，立春前后种子开始大量萌动，用来播种能提早数天发芽。楠木幼苗初期生长缓慢，土质黏重，排水不良，易发生烂根。土壤干燥缺水则幼苗生长不良，又易造成灼伤。尽量做到随起苗随栽植，选阴天和小雨天，严格掌握苗正、根舒、深栽等技术措施，以保证成活。由于楠木初期生长慢，易遭杂草压盖而影响成活和生长，因此需加强抚育管理。

楠木枝叶

景观特征

树干通直，树姿优美，树冠雄伟壮观，树形如塔。树皮灰白色，带有独特的香味，枝条比较平展。纤细的叶柄上披有黄褐色的柔毛，叶子柔韧如革，如果用手把叶片搓碎，会散发出一股香味。

园林应用

楠木名列江南四大名木之首，以材质优良、用途广泛著称，是经济价值最高的树种之一，也是中国最珍贵的用材树种。其树形紧凑呈塔形，是著名的庭院观赏树和城市绿化行道树种。

楠木景观

楠木景观

大叶樟

别名：黄樟
科属名：樟科樟属
学名：*Cinnamomum parthenoxylon*

形态特征

常绿乔木，高达20~30m。树冠广卵形；树皮黄褐色或灰褐色，不规则纵裂；枝、叶及木材均有樟脑味。叶互生，薄革质，卵形或卵状椭圆形，长4.5~8.6cm，宽2.5~5.5cm，先端急尖，或近尾尖，基部宽楔形至近圆形，全缘，微呈波状，两面无毛，近叶的第1对或第2对侧脉最长而显著，上部每边有侧脉1~3条，比香樟大，脉在叶上面凸起，脉腋有明显的腺窝；叶柄无毛。果近卵圆形或近球形，熟时紫黑色；果托杯状，顶端平截。花期4~5月，果8~11月成熟。

大叶樟果枝

适应地区

大叶樟为亚热带长绿阔叶林的代表树种，主要产地是我国台湾、福建、江西、广东、广西、湖南、湖北、云南、浙江等地。多生于低山平原，垂直分布一般在海拔500~600m。

生物特性

喜光，幼苗、幼树耐阴。喜温暖、湿润气候，耐寒性不强。在深厚、肥沃、湿润的酸性或中性黄壤、红壤中生长良好，不耐干旱、瘠薄和盐碱土，耐湿。萌芽力强，耐修剪。抗二氧化硫、臭氧、烟尘污染能力强，能吸收多种有毒气体，较适应城市环境。

繁殖栽培

主要用播种繁殖，也可以用分蘖繁殖。出圃时移栽要带土球，大苗移栽要进行重剪，减少蒸腾量。在天气寒冷的地区，栽植当年要注意防寒越冬，在冷空气来临之前进行干部涂白，浇透封冻水，然后用稻草捆绑幼树树干，春季解除。从南方引进北方的树苗，要连续精细管理3~4年，待适应当地气候后，冬季便不再需要对干部进行防寒处理。

景观特征

因其寿命长、冠幅大、树姿雄伟、四季常青，自古以来就深受广大人民喜爱。其树干通直，树姿挺拔，气味清新，广泛用于园林绿化，是替代小叶香樟的最优良品种。大叶樟比小叶樟生长快，抗性强于小叶樟，主杆更为笔直，分枝点高，作为行道树栽培更为合适。

＊园林造景功能相近的植物＊

中文名	学名	形态特征	园林应用	适应地区
云南樟	*Cinnamomum glanduliferum*	高20m。叶椭圆形，长8~15cm，羽状脉或三出脉，背面灰白色，有伏毛，脉腋具腺体	同大叶樟	同大叶樟
银木	*C. septentrionate*	高16~25m。叶椭圆形，长10~15cm，短渐尖，羽状脉，背面密生白色绢毛	同大叶樟	同大叶樟

云南樟果枝 ▷

银木枝叶

云南樟枝叶

园林应用

早在 200 多年前，中国人民就有栽培樟树的记载，唐宋年代在寺庙、庭院、村落、溪畔广为种植。抗污染、抗病虫能力强，现广泛用做行道树和庭院风景树。

大叶樟景观

云南樟景

银木景观

云南樟景

黄槿

别名：盐水面夹果、海麻、海罗树、弓背树
科属名：锦葵科木槿属
学名：*Hibiscus tiliacens*

黄槿花枝 ▷

形态特征

常绿乔木。叶圆形，先端锐，基部心形，长8~14cm，宽9~19cm，全缘或具有不明显的锯齿，表面具有微毛，背面密被茸毛；托叶三角状卵形，早落。花腋生或顶生，通常单立，有时形成聚伞花序，花萼5裂，花瓣5枚，单体雄蕊，花冠大型，黄色，花心暗紫色。蒴果广卵形，外被粗毛，四季开花，以7~8月为盛。

适应地区

分布于我国广东、台湾，是典型的热带及亚热带地区海岸线树种。

生物特性

树性强健，生长迅速，可抗强风，常用于海岸边防风沙。叶面有盐腺体，排出盐分。喜光，喜温暖、湿润气候，耐寒，耐干旱、瘠薄，耐盐，抗风及大气污染。可在高盐分的土地生长，土质以中性至微碱之壤土或砂质壤土为佳。

黄槿景观

黄槿景观

繁殖栽培

可用播种或扦插法繁殖，春季为适期。剪半木质化枝条20cm为一段或锯枝干1~2cm，扦插于湿润的园土中，经1~2个月能发根。黄槿的枝叶茂盛、密不透风，在台风来临时通常都要修剪，以免被大风吹倒。露地栽培，养分、水分充足植株反而变弱。而日照越充足生育越旺盛，开花越多，反之则反。

景观特征

黄槿在海边算是高大的植物，尤其是那特大号的叶子，形状像心形，它的黄色花朵十分美丽，形似羽毛球。

园林应用

黄槿生长快速，四季都开花，但以春、夏季最多，常常被用来做行道树、防风树、园景树，或营造海岸防护林等。

樟树

别名：香樟、芳樟、油樟、樟木、乌樟、瑶入柴、栳樟、臭樟、小叶樟
科属名：樟科樟属
学名：*Cinnamomum camphora*

形态特征

常绿大乔木，高 15~20m。呈圆形树冠，树皮暗褐色，有纵裂。叶革质，互生，卵形或椭圆形，全缘，表面光滑，长 7~10cm，宽 3~5cm，叶脉 3 出，表面深绿色，有光泽，背面青白色。雌雄同花，圆锥花序腋生于枝顶端，黄绿色小花。浆果球形，成熟时由绿色转为黑紫色。花期 5~6 月，果期 10~11 月。

适应地区

主要分布于我国江南各地。

生物特性

樟树较喜光，喜温，是亚热带常绿阔叶林的典型树种。适生年均气温为 16~24℃，最低不到 -7℃。土壤要求深厚、湿润、肥沃和排水良好的中性或酸性土，以砂质壤土、轻砂壤土为好，不耐瘠薄，耐盐碱。抗风，抗烟尘，能吸收各种有害气体，对二氧化硫有较强抗性。萌芽力强，耐修剪。生长偏慢，但寿命长。

繁殖栽培

用种子繁殖，应随采随播，也可用嫩枝扦插或分蘖繁殖。栽植之前进行修剪、整形，以便减少蒸腾。在气候较寒地区，栽植后应采取适当的防寒措施，当冷空气来临前可用稻草捆缚树干部。樟树多枝，常影响主干生长，故一般栽植数年后可酌量进行修枝，以促进其主干生长。

樟树果枝特写

景观特征

树姿壮丽，终年翠绿，树冠广展，枝叶茂密，浓阴覆地。

园林应用

樟树是我国珍贵的用材树种之一，它四季常绿，树态美观，适应性强，材质优良，也是“四旁”绿化树种和优良行道树。

＊园林造景功能相近的植物＊

中文名	学名	形态特征	园林应用	适应地区
阴香	*Cinnamomum burmannii*	常绿小乔木。其叶主脉腋内无隆起的腺体，而与樟树有区别	同樟树	我国广东、海南、福建、广西等地
天竺桂	*C. japonicum*	常绿小乔木。与樟树的主要区别为叶卵形、卵状披针形，背面有白粉，有毛，离基 3 出脉，在表面显著隆起	同樟树	分布于我国浙江、安徽等省

阴香花序

樟树景观

樟树景观

阴香景观

阴香景观

海南蒲桃

别名：乌墨树
科属名：桃金娘科蒲桃属
学名：*Syzygium cumini*

形态特征

常绿乔木，高 8~10m。干矮，分枝多，树冠圆锥形，树皮光滑，灰褐色。嫩枝淡灰绿色。叶披针形至长椭圆形，全缘，革质，深绿色，长 12~25cm，宽 3~5cm，叶面多透明小腺点；叶柄短，稍肥大。果实球形，直径 4~5cm，果皮薄，黄白色或杏黄色，果肉稍硬，果汁少，甘甜，具玫瑰香。种子 1~2 颗，具多胚性，7~8 月成熟。果实深紫色至黑色，长1~2cm，汁如墨，尝之口染乌色，故名“乌墨树”。花、果期春至夏季。变种有狭叶乌墨（var. *caryophyllifolium*），叶片较狭小。

海南蒲桃景观

适应地区

分布于我国华南、华东至西南地区。

生物特性

属南亚热带长日照阳性树种。喜水，干湿季生长明显，能耐 -5℃低温，垂直分布在海拔 50~800m 之间。适应性强，对土壤要求不严，无论酸性土或石灰岩土都能生长。根系发达，主根深，抗风力强，耐火，萌芽力强，速生。

繁殖栽培

种子繁殖。宜采回成熟果实，去皮，略为阴干后即播，不宜日晒和贮藏。也可用扦插法或高压法繁殖，春季为最适期。栽培管理容易，在气候适宜区内不择土壤，病虫害少。

景观特征

树干通直，速生快长，周年常绿，树姿优美。花期长，白花满树，花浓香，花形美丽，洁净素雅。挂果期长，果实累累，果形美，果色鲜。

园林应用

为优良的庭院绿阴树和行道树种，也可做营造混交林树种。

＊园林造景功能相近的植物＊

中文名	学名	形态特征	园林应用	适应地区
蒲桃	*Syzybium jambos*	常绿小乔木。叶披针形，侧脉脉距较宽，革质。浆果核果状，中空，有特殊玫瑰香味	优良的庭院绿化、观赏树种，也可水边栽植	热带及亚热带地区
洋蒲桃	*S. samarangenese*	常绿小乔木。叶柄极短，不及 4mm，叶基圆。果圆锥形，较小，成熟果红色	优良的绿化及观果树种	我国华南地区

海南蒲桃果序 ▷

海南蒲桃花序

洋蒲桃果序

蒲桃花序

蒲桃果枝

蒲桃景观

大叶榕

别名：黄葛榕
科属名：桑科榕属
学名：*Ficus lacor*

形态特征

落叶乔木，高达 30m，胸径 3~5m。树冠广卵形，干粗大，枝柔软，自然伸展，有乳汁。单叶互生，叶薄革质，长椭圆形或卵状椭圆形，长 8~16cm，宽 4~7cm，全缘，叶面光滑无毛，有光泽。1~2 月落叶，约 10 天即萌新叶，嫩叶芽毛笔状。隐花果近球形，熟时黄色或红色。花期 5 月，果 9~10 月成熟。

大叶榕景观

适应地区

原产于我国南部至亚洲南部和印度等地。

生物特性

强阳性树种，根系发达。喜钙质土，耐旱和瘠薄。体多浆，能抗高温，长寿，易移植。耐寒性较榕树稍强。

繁殖栽培

扦插繁殖，宜 5~6 月进行。剪取顶端嫩枝，长 10~12cm，留 2~3 片叶，下部叶片剪除，剪口要平，剪口常分泌乳汁，应用清水洗去，晾干后扦插。室温以 24~26℃为好，并保持较高的空气湿度，插后 30 天可生根，45 天左右移植。大叶榕粗大，生长迅速，不宜栽植在建筑物旁边。宜种在较宽阔的道路上，适当修剪，可控制根系对路面的损坏。株距以 5~7m 为宜。

景观特征

形态优美，树冠均匀，树叶茂盛。春季幼叶长出时为浅绿色，新叶展放后鲜红色的托叶纷纷落地，甚为美观，其后渐转深绿。叶片呈长椭圆形，叶脉状似鱼骨，十分明显。果实的柄极短，成熟时由青绿色转为紫红色，果肉多汁，能吸引各种雀鸟取食。

园林应用

适应力强，树冠开展，是优良的行道树。宅旁、桥畔、路侧随处可见，树冠庞大，树下是炎炎夏日理想的遮阴地方，是园林或行道常植树种之一。

* 园林造景功能相近的植物 *

中文名	学名	形态特征	园林应用	适应地区
印度橡胶榕	*Ficus elastica*	常绿乔木。叶厚革质，有光泽，长椭圆形或矩圆形，长 5~30cm，宽 7~9cm；托叶单生，淡红色	北方可盆栽观赏，常用于宾馆、饭店美化环境。在南方地区也作行道树栽培	华南地区

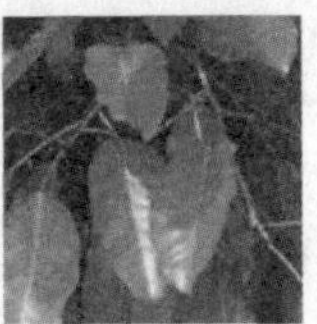

大叶榕枝叶 ▷

大叶榕果枝

印度橡胶榕景观

大叶榕景观

桉树

别名：玉树、蚊树
科属名：桃金娘科桉属
学名：*Eucalyptus* spp.

形态特征

桉树是桃金娘科桉属树种的统称，常绿植物，一年内有周期性的老叶脱落现象。大多树种是高大乔木，少数是小乔木，呈灌木状的很少。树冠形状有尖塔形、多枝形和垂枝形等。单叶，全缘，革质，有时被有一层薄蜡质。叶子可分为幼态叶、中间叶和成熟叶三类，大多数的幼态叶是对生的，较小，心脏形或阔披针形。花白、黄或红色，常为腋生伞形花序，少为伞房花序或圆锥花序。果实为蒴果。

适应地区

我国南方各省区栽植极为普遍。

生物特性

多数为亚热带植物。喜光，好湿，耐旱，抗热。畏寒，对低温很敏感，有些种起源于热带，不能耐0℃以下的低温；有些种原生长在温暖气候地带，能耐-10℃低温。能够生长在各种土壤，多数种既能适应酸性土，也能适应碱性土，而最适宜的土壤为肥沃的冲积土。萌生力强。

繁殖栽培

多用播种繁殖，也用组培方式繁殖。桉树种子细小，播种时应将种子与草木灰或细沙相拌。播后覆土，以不见种子为度，以喷壶喷水，不宜过湿。栽培容易，一年生苗高可达两米多，全冠苗种植成活率可达95%以上，当年就可以见绿。若用于行道树，应选择树干较低的种类。自然树形良好，一般不需要进行人工修枝。没有发现严重的病虫害，不需要人工防病治虫，养护管理方便。

景观特征

桉树树姿优美，四季常青，生长异常迅速，有萌芽更新及改善沼泽地的能力。其主干挺直高大，叶疏而下垂，姿态秀丽，花白、黄或红色，叶片终年翠绿，树形优美，有“林中仙女”之美称。幼龄期树冠尖塔形，中龄

＊园林造景功能相近的植物＊

中文名	学名	形态特征	园林应用	适应地区
柠檬桉	*Eucalyptus citriodora*	常绿乔木。幼时树皮灰褐色，长大后呈片状剥落，树皮光滑，呈白色	做行道树，用于庭院绿化	我国南方各省区
蓝桉	*E. globules*	常绿乔木。树皮灰褐色，条状剥落。幼树叶对生，灰白色；老树叶互生，线状披针形	做行道树，用于庭院绿化	我国南方各省区
直干蓝桉	*E. maideni*	常绿乔木。树皮灰白，树干直而不扭。幼叶灰白色	做行道树，用于庭院绿化	我国南方各省区
大叶桉	*E. robusta*	常绿乔木。树皮褐色而粗糙，纵裂不脱落。叶互生，卵状披针形	做行道树，用于庭院绿化	我国南方各省区
尾叶桉	*E. urophylla*	常绿乔木。上部树干树皮平滑，紫红色，下部树干褐色而粗糙，纵裂。叶互生，卵状披针形。花白色	做行道树，用于庭院绿化	我国南方各省区

直干蓝桉花枝

期圆柱形，大树呈倒卵形，是城市道路绿化最为理想的树种。

园林应用

是世界著名的三大速生树种之一，具有适应性强、培育周期短、木材产量高、用途广泛等优点。桉树速生成效快，林相整齐，是优良的行道树和景观树种。树叶含芳香油，有杀菌、驱蚊的作用，是疗养区、住宅区、医院和公共绿地的良好绿化树种。

柠檬桉枝叶

柠檬桉景观

柠檬桉与红花羊蹄甲混植景观

柠檬桉树干雄姿

直干蓝桉景观

直干蓝桉枝叶

大叶桉花枝特写

直干蓝桉景观

大叶桉景观

蓝桉树干景观

蓝桉景观

尾叶桉景观

高榕

别名：高山榕、鸡榕、大青榕
科属名：桑科榕属
学名：*Ficus altissima*

形态特征

常绿大乔木，高可达 20m。有少数气根；幼嫩部分稍被微毛，顶芽被银白色毛。叶互生，革质，卵形或广卵状椭圆形。花序成对或单个腋生和生于小枝上，卵球形，无毛，幼时包藏于早落、帽状的苞片内，成熟时深红色或黄色。花期 5~6 月，果期 7~8 月。品种有花叶高榕（cv. Variegata），叶边、叶面具金色斑块。

适应地区

分布于印度、马来西亚和我国海南岛，广州、深圳等城市常见栽培。

生物特性

强阳性，速生。适应性强，耐旱瘠，宜植于深厚沃土中，宜酸性的湿润土壤。不甚耐寒，宜高温、潮湿、多雨气候。抗风，抗二氧化硫、氯气和酸雾能力强，滞尘力强。

繁殖栽培

播种、扦插繁殖。根系发达，但对人行道板和地下管网有一定程度的破坏，应选择栽培地点。黑粉虱、煤污病等会对该树种的生长造成严重的危害，严重者导致树木死亡，注意防治。

景观特征

终年青翠苍劲，树姿雄伟，生命力强，叶片宽大，枝繁阴浓，根系强大。果熟时浓绿中呈现点点金黄，很美。

园林应用

高榕生长迅速，板根发达，抗风力强，宜作为庇阴树供游人憩息，做行道树、庭院树、景观树均可。珠江三角洲地区作为行道树种植。材质稍粗，可制玩具，枝材不易燃烧，难为薪材。

花叶高榕枝叶

高榕景观

高榕果枝 ▷

✲ 园林造景功能相近的植物 ✲

中文名	学名	形态特征	园林应用	适应地区
虎克榕	*Ficus hookerii*	幼枝淡绿色，后呈黑色。叶大型，椭圆形，基部圆形，叶背灰白色；托叶红色	同高榕	云南等地

高榕景观

虎克榕枝叶

虎克榕景观

菩提榕

别名：菩提树、思维树、印度菩提树
科属名：桑科榕属
学名：*Ficus religiosa*

形态特征

常绿或半落叶大乔木，高10~20m。具乳汁，全株平滑，树干粗而直，成波状圆形树冠。树皮灰色，平滑或微具纵纹。叶革质，单叶互生，三角状卵形，全缘或为波状，表面深绿色，光亮，顶部延伸为尾状；叶有长柄，叶柄纤细，与叶片等长或长于叶片，具托叶环。隐头花序，花序托扁球形，无梗，腋出，成对，花期全年。隐花果无梗，扁球形，色暗紫。品种有花叶菩提榕（cv. Variegata）。

花叶菩提榕叶片特写

适应地区

我国只有华南、东南沿海一带才适宜生长。

生物特性

热带树种，喜高温、多湿，日照需充足。土质不拘，只要表土深厚、排水良好之地均能成长，生长快，寿命长。落叶期短，在广州为5~10天。抗二氧化硫、氟化氢、氨性强。心形叶子尾端细长，便于让留在叶片上过多的水分沿叶尖流出，是热带植物的特征。

繁殖栽培

以扦插及高压法繁殖为主。春季为适期，选取去年生的粗壮枝条扦插，扦插前插穗基部先浸水10分钟或利用发根剂处理，促进发根。整枝修剪可于冬季进行，维持树形美观。

景观特征

树形优美，树干凸凹不平，给人以老态龙钟而又苍劲之感觉。侧枝多，广展，叶色深绿，枝叶扶疏，适宜于寺院、道路栽植。叶形美，叶脉细致，寺院僧人常采其叶浸泡冲洗处理，剩下叶脉如真丝织成的轻纱，用以绘制佛像和做竹笠、灯帷、书签。

园林应用

种名religiosa乃为“神圣的”“宗教的”之意，是为纪念释迦牟尼于此树下悟道而命名的，在印度被称为“圣树”，为佛教文化树种。由于其生长迅速，耐旱性强，又因树形优美，适宜作为观赏及行道树。

＊园林造景功能相近的植物＊

中文名	学名	形态特征	园林应用	适应地区
琴叶榕	*Ficus lyrata*	常绿乔木。叶互生，大型，革质，倒卵形，似提琴，叶面深绿色，平滑无毛，背面浅绿色，侧脉凸起	做观赏树、行道树	我国福建、台湾、广东、海南、广西

菩提榕果枝 ▷

菩提榕行道树景观

菩提榕行道树景观

菩提榕行道树景观

榕树

别名：细叶榕、小叶榕、正榕
科属名：桑科榕属
学名：*Ficus microcarpa*

形态特征

常绿大乔木，高 20~25m。全株具乳汁，老树常有锈褐色气根。全株无毛，树冠伞形至圆形，深根性。树皮平滑，灰白色或黑灰色。茎干粗，多分枝，枝叶浓密。单叶互生，革质，椭圆形、卵状椭圆形或倒卵形，长 4~10cm，宽 2~4cm；托叶小，披针形，具托叶环。花序托单生或成对生于叶腋，扁倒卵球形，乳白色，成熟时黄色或淡红色。

榕树气生根

适应地区

分布于我国广西、广东、福建、台湾、云南、贵州和浙江南部等地，主要分布于我国南方各省区，为我国南方优良的乡土树种。

生物特性

阳性树，树性极强，耐风，耐潮，地表处根部常明显隆起。喜温暖、湿润，喜肥沃、微酸性的土壤，忌旱。生长较快，萌发力强，寿命长。对空气污染抗害力特强，适用于都市绿化。

繁殖栽培

可用播种、扦插、高压或嫁接法繁殖。在春季进行，采用室内盆播，发芽适温为24~27℃，播后覆土0.5cm，保持湿润，20~30 天发芽。刚栽植的树，水分蒸发得快，树桩容易枯死，所以早晚要用水淋树身，尽可能保持树身的湿润。如果阳光过强，应适当遮阴。榕树耐修剪，但头一年栽植的最好不要修剪。

景观特征

奇特的气根连体生长，千丝万缕，远看似长髯随风轻飘，又像垂柳婆娑美丽。它的气根从枝条长出，可深入泥土并发展成为树干，而新树干又能长出气根，如此蔓衍不休，独木也可以成林。

园林应用

榕树不仅有雄伟挺拔的树形，而且有速生的特质，四季常青，姿态优美，具有较高的观赏价值和良好的生态效果，广泛栽种于我国南方各地，常做行道树。在工厂周边列植，具有绿化及界定范围的双重效果。

* 园林造景功能相近的植物 *

中文名	学名	形态特征	园林应用	适应地区
垂榕	*Ficus benjamina*	常绿小乔木，高可达 6~7m。小枝下垂。叶互生，卵形，纸质。隐头花序	同榕树	同榕树

垂榕枝叶 ▷

榕树景观

垂榕景观

榕树景观

扁桃

别名：扁桃果
科属名：漆树科芒果属
学名：*Mangifera persiciformis*

形态特征

常绿乔木，高十余米。叶集生于枝顶，狭披针形或披针形，长 10~15cm，宽 3~6cm，基部楔形。圆锥花序顶生；花杂性，细小，黄绿色。春季为开花期。肉质核果近圆形，略扁，夏季成熟，成熟时淡黄色。

适应地区

原产于我国广西、海南和贵州南部、云南东南部，华南地区广为栽培。

生物特性

喜光，喜温暖、湿润气候，适宜植于肥沃、排水良好和日照充足之地。耐阴，耐烈日，不耐严寒冰冻，抗风力中等偏弱。在酸性或微碱性土均能生长，较耐干旱。遮阴好，消噪、防尘，抗空气污染。

繁殖栽培

繁殖用播种法。将成熟果实的果肉剥去，洗净果核即可播种，或将果核沙藏催芽 20 天再播。主根长，须根少，大苗较难移植，需带大土球，以保成活。抗病力较强，病虫害少。

景观特征

树干通直，高大常绿，枝叶繁茂，树冠宽广，有热带、亚热带树木的独特风光，是城市绿化理想的树种，它是南宁市的市树。

扁桃景观

扁桃景观

园林应用

树冠浓密，遮阴效果极佳，果实甜美，对二氧化硫和氯气的抗性较强，是行道树、庭阴树、“四旁”绿化和工矿厂区绿化的优良树种，木材为优质用材。

*** 园林造景功能相近的植物 ***

中文名	学名	形态特征	园林应用	适应地区
芒果	*Mangifera indica*	常绿乔木。叶革质，长圆状披针形。圆锥花序淡黄色，芳香	嫩叶紫色，绿紫交映，也是热带著名水果	同扁桃

扁桃花枝 ▷

扁桃景观

芒果树景观

芒果树景观

菠萝蜜

别名：树菠萝、木菠萝
科属名：桑科菠萝蜜属
学名：*Artocarpus heterophyllus*

形态特征

常绿乔木，高8~15m。植物体含乳汁。叶革质，螺旋状排列，倒卵状椭圆形，长7~25cm，宽3~12cm，顶钝，短渐尖，基部楔形，叶全缘，有时1~3裂。雄花序顶生或腋生；雌花序生树干或主枝上，称为“老茎开花”。聚花果大型，长圆状椭圆形，长30~60cm，宽25~50cm，黄绿色。瘦果长圆形，长约3cm，宽1.5~2cm。花后肉质花萼增大，芳香可口，为热带水果之一。种子夏、秋季成熟。种子含淀粉，煮熟可食。一般3~4月开花，8~9月果熟。

适应地区

我国广东、广西、海南、云南等省区有栽培。

生物特性

喜光，喜高温、多湿气候，不耐干旱和瘠薄，抗风，抗大气污染。畏寒，适于在无霜冻的地区生长，幼苗期尤易受冻害，在地表温度降至0℃时即会被冻伤。在春、夏两季开花、结果。对土壤要求不苛，但以土层深厚、排水良好的微酸性土壤为宜，喜通风条件好的环境。

繁殖栽培

播种法繁殖为主，也可高压、嫁接繁殖。播种选壮实种子，平铺于砂床上，待幼苗展开1~2片真叶分床时，应将主根下段剪去。高压法繁殖可于4~6月进行，嫁接法繁殖可于6~9月进行，可用1~2年生的实苗为砧木，芽接或腹接均可。栽培地须日照充足和排水良好。幼龄菠萝蜜要每月或隔月施肥一次，施肥数量根据生长、年龄和树势、土地的肥瘦而定，以农家肥为主。嫁接的菠萝蜜一般植后5年开始挂果，实生苗则要8~10年才能挂果。过密的枝条和纤弱的阴枝、病枝、干枯枝要修剪。

景观特征

菠萝蜜是比较典型的热带树种，老树会长出板状根，花和果开（结）在树干和大枝丫上，甚至结树干的基部，即老茎生花或老茎结果。树形端正，树冠呈伞形或圆锥形，树大阴浓，叶色浓绿亮泽，花有芳香，并有老茎开花、结果的奇特景观，极富热带色彩。

园林应用

为优美的庭院观赏树，在华南地区可作为庭阴树和行道树，也可作为果品及木本粮食。

菠萝蜜枝叶特写

菠萝蜜树干结果

菠萝蜜果实 ▷

菠萝蜜景观

菠萝蜜景观

菠萝蜜景观

尖叶杜英

别名：长芒杜英
科属名：杜英科杜英属
学名：*Elaeocarpus apiculatus*

形态特征

常绿乔木，高 10~30m。小枝粗大，有灰褐色柔毛，老枝有叶柄遗下的斑痕。叶互生，革质，阔倒披针形，先端钝，中部以下渐变狭窄，基部窄而钝，上面干后发亮，下面初时有毛，以后变无毛，羽状脉明显。总状花序生于枝顶叶腋内，花悬垂，白色，芳香，花瓣先端具流苏状撕裂，雄蕊多数，花药具刺。核果球状椭圆形，内果皮坚硬粗糙。花期 4~5 月，果熟期秋后。

尖叶杜英枝叶

适应地区

分布于我国长江以南各省区的中低海拔山区，广东常见栽培。

生物特性

喜温暖、湿润气候，喜光且耐半阴，不耐旱瘠。在疏松、肥沃和排水良好的壤土中生长旺盛。抗风力强，生长迅速，略抗二氧化硫或氯气污染。

繁殖栽培

播种繁殖。宜采回成熟果实，除去外果皮晾干后即播或沙藏春播，不宜久贮。出圃时移栽要带土球，大苗移栽要进行重剪，减少蒸腾量。冬季可修剪主干下部侧枝，促使主干长高。适合种在开阔而土层深厚的地方，除了最初在植穴里放些腐叶、鸡粪当基肥之外，几乎可以不用再施肥。

景观特征

树干耸直，具板根，每一侧枝近平展轮生，层次分明，构成圆锥状塔形树冠。开花时节，白色的花朵玲珑悬挂于绿叶丛中，散发出幽香，颇具美感。

园林应用

树大苍劲，宜做行道树或成片造林。枝叶茂密，为庭院中的常绿树种，宜丛植、片植或与其他树木配置。若列植成绿墙，有隐蔽、遮挡作用，也有隔音防噪的功能。

*** 园林造景功能相近的植物 ***

中文名	学名	形态特征	园林应用	适应地区
杜英	*Elaeocarpus chinensis*	树冠圆整，枝叶稠密而部分叶色深红，红绿相间，颇引人入胜	园林中常丛植于草坪、路口、林缘等处，也可列植，起遮挡及隔音作用	我国长江流域
海南杜英	*E. hainanensis*	叶片披针形，两端渐尖。总状花序腋生，花梗长而悬垂。核果纺锤形	行道树和水边栽植的优美观赏树种	我国海南、广西、广东和云南

尖叶杜英花枝 ▷

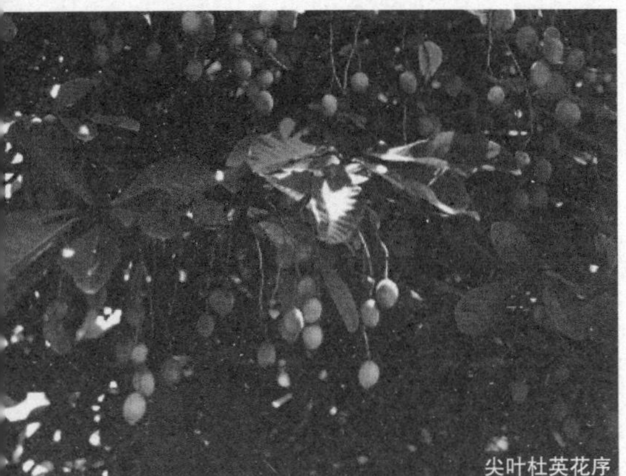

尖叶杜英花序

尖叶杜英景观

尖叶杜英景观

枇杷

科属名：蔷薇科枇杷属
学名：*Eriobotrya japonica*

形态特征

常绿小乔木，高可达10m。小枝密生锈色或灰棕色茸毛。叶片革质，披针形、长倒卵形或长椭圆形，顶端急尖或渐尖，基部楔形或渐狭成叶柄，边缘有疏锯齿。圆锥花序花多而紧密；花序梗、花柄、萼筒密生锈色茸毛；花白色，芳香，花瓣内面有茸毛。果近球形或长圆形，黄色或橘黄色，外有锈色柔毛，后脱落，果实大小、形状因品种不同而异。花期10~12月，果期翌年5~6月。枇杷品种极多，可分为红沙枇杷、白沙枇杷两类，前者寿命长、树势强、产量高，但品质不如后者，著名品种有圆种、鸡蛋红等；白沙枇杷生长、产量等都不如红沙枇杷，但品质优良，著名品种有圆种、育种、鸡蛋白等。

枇杷株形

适应地区

我国四川、湖北有野生，现全国各地都有栽培。

生物特性

喜光，稍耐阴和耐寒，忌积水。对土壤的适应性较广，在土层深厚、疏松、肥沃和排水良好的中性或微酸性砂质壤土中生长良好。对粉尘抗性强，抗二氧化硫和氯气的能力一般。

枇杷花序

繁殖栽培

以播种繁殖为主，也可嫁接。播种可于6月采种后立即进行。嫁接一般以切接为主，可在3月中旬或4~5月进行，砧木可用枇杷实生苗和石楠。定植于萌芽前3月下旬至4月上旬，也可在5~6月或10月进行。常用1~2年生的苗木来种植，种植适宜时期为1~3月间，种植距离需看品种土壤气候和栽培环境而定，一般株距3~4m。定植苗需多带须根和覆土，以利成活。

景观特征

枇杷树形整齐美观，叶大阴浓，四季常春，春萌新叶白毛茸茸，秋孕冬花，春实夏熟，在绿叶丛中黄果累累，古人称其为“佳实”。

枇杷果序特写 ▷

枇杷景观

枇杷景观

园林应用

枇杷是常用的绿化树种，适应性强，除植于公园外，也常植于庭院，作为小区行道树。果甘美，可食用。

木麻黄

别名：驳骨松
科属名：木麻黄科木麻黄属
学名：*Casuarina equisetifolia*

形态特征

常绿大乔木，高 15~30m。干通直，枝斜展，树冠圆锥状塔形。小枝细长，节短而多，每节有 6~8 片三角形退化的叶鞘齿状鳞叶。雄花黄色，顶生，穗状花序；雌花红色，头状花序，腋生。果为长椭圆形的聚合果，球果状，长椭圆形，果苞 12~14 裂。果期夏、秋季。我国引入栽培的还有粗枝木麻黄（*C. glauca*）和细枝木麻黄（*C. cuninghamiana*）2 种。

适应地区

原产于大洋洲、大洋洲群岛等热带地区的沿海沙滩或沙丘上。我国早有引种，在华南地区及福建、台湾均有栽培。

生物特性

适应性强，炎热、高温、多湿则生长迅速。强阳性，喜光，主根较深，侧根发达，根部有根菌共生，故能耐旱瘠。土壤宜中性或微酸性，在酸性红壤中也能生长，在土层深厚、疏松、肥沃的冲积土中生长繁茂。速生，寿命较短。

繁殖栽培

播种及扦插繁殖。植株低矮，萌芽力强，枝叶浓密，叶色翠绿，容易整形。耐修剪，枝叶茂密常做绿篱或整形列植，通常依其树性修剪成圆形，在空旷草地上点缀数株，倍感优雅、醒目。

木麻黄景观

木麻黄景观

木麻黄果枝 ▷

景观特征

为适应干燥气候，叶退化为鞘齿状细鳞片，强健、速生，而小枝一节节似木贼可拉开。树姿优美，似针叶树，中幼龄时秀雅，成年后则较散乱。

园林应用

树性强健，不拘土质，耐旱，能抗盐碱，抗风力强，生长迅速，不怕沙压。是耐旱又耐潮的常绿大乔木，广泛栽种于滨海地区，作防风之用。

木麻黄景观

木麻黄景观

非洲桃花心木

别名：塞楝、非洲楝
科属名：楝科桃花心木属
学名：*Khaya senegaensis*

形态特征

常绿乔木，高可达 20m。树冠卵圆形或长圆球形。树皮平滑或呈斑驳鳞片状开裂，嫩枝韧皮纤维发达，具灰色皮孔。叶互生，1 回偶数羽状复叶，小叶对生或近对生，长 5~15cm，宽 2~5cm，叶面深绿色而具光泽，基部不对称而偏斜，先端浑圆而具突尖。圆锥花序顶生或生于上部叶腋，花黄绿色，花后结蒴果，球形。种子边缘具翅，4~6 月成熟。

非洲桃花心木枝叶

适应地区

我国华南地区广为栽培。

生物特性

为热带速生、常绿用材乔木树种。喜光，喜高温、湿润气候，适生于土层深厚、湿润的环境。能耐干旱，不耐瘠寒，抗风，抗大气污染，适应性强，生长快速。在深厚、疏松、排水良好的土壤上生长迅速。

繁殖栽培

播种繁殖，即采即播，也可用扦插繁殖。园林绿化可用大苗或大树进行截干种植，移植需带土球，以春季为佳，株距 8~10m。

景观特征

树干粗壮通直，树冠广阔，树姿挺拔秀丽，枝叶繁茂，绿阴效果好。

＊园林造景功能相近的植物＊

中文名	学名	形态特征	园林应用	适应地区
苦楝	*Melia azedarach*	落叶乔木。叶为 2 回奇数羽状复叶。三、四月间开花，淡红色，小形，排成圆锥花序，萼钟形 5 裂，花瓣 5 枚	同非洲桃花心木	我国华南地区
大叶桃花心木	*Swietenia macrophylla*	落绿大乔木。主干十分明显。叶子呈互生属于偶数羽状复叶，小叶 5 对	同非洲桃花心木	我国华南地区和南亚热带
桃花心木	*S. mahagoni*	常绿大乔木。基部扩大成板根。叶长 35cm，叶柄长; 小叶 4~6 对，革质，斜披针形	同非洲桃花心木	我国华南地区和南亚热带
香椿	*Toona sinensis*	落叶乔木。树皮暗褐色，片状剥落。双数羽状复叶，长 25~50cm，有特殊香气	各地均有栽培，多种植于村边路旁	分布于我国华北至西南各省区

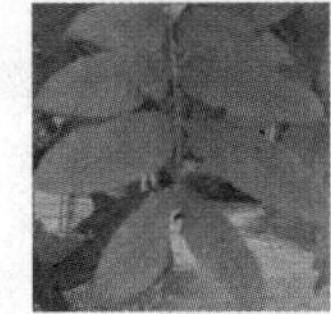
桃花心木叶特写 ▷

非洲桃花心木景观

非洲桃花心木景观

园林应用

非洲桃花心木是热带速生的优良树种，许多地方试种效果良好，宜在庭院内孤植、丛植或在道路两旁列植做景观树、绿化树，也适用于道路绿化。

非洲桃花心木景观

秋枫

科属名：大戟科秋枫属
学名：*Bischofia javanica*

形态特征

常绿乔木，高 15~25m。树皮灰褐色，树冠圆盖形。分枝繁茂，枝斜展，干皮剥落状，雌雄异株。三出复叶互生，小叶卵形，锯齿缘，革质，长 8~15cm，宽 5~7cm。圆锥花序腋生，无花瓣，淡绿色，萼片 5 枚。核果球形，成熟褐色。花期春末夏初，果秋、冬季成熟。

适应地区

原产于我国南部地区。热带地区广为栽培。

生物特性

生性强健，生长快速，耐旱、耐热、耐湿、耐阴，寿命长，深根性，根系发达。抗风、抗大气污染能力强。喜光，在湿润、肥沃的砂质壤土中生长快。

繁殖栽培

播种繁殖。秋枫分枝较低，若不及时修剪，主干不明显，结果树身矮小，所以做行道树应及时修剪，形成良好的树形。

景观特征

树形整齐美丽，树冠壮观、阴浓，叶色亮丽。

园林应用

是常见的行道树及百年老树树种之一。其树冠遮阴良好，为行道树优良树种，尤其适于水边栽植。

秋枫景

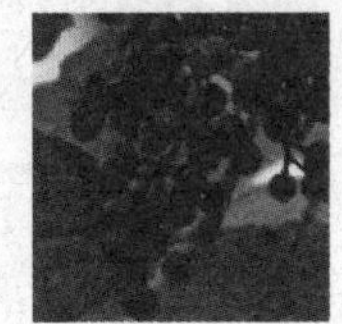
秋枫果序 ▷

✻ 园林造景功能相近的植物 ✻

中文名	学名	形态特征	园林应用	适应地区
重阳木	*Bischofia polycarpa*	落叶乔木。叶基部圆或心形，果 5~7cm，每厘米 4~5 个叶齿	同秋枫	我国长江流域

重阳木枝叶

重阳木树皮

秋枫景观

重阳木景观

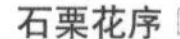

石栗

别名：烛果树
科属名：大戟科油桐属
学名：*Aleurites moluccana*

石栗花序 ▷

形态特征

常绿乔木，高 12~14m。叶互生，叶片阔大，基部短尖至心形；长柄，叶柄先端具 2 枚红褐色腺体；老株叶呈长卵形，幼株叶则为掌状深裂，3~5 深裂，有疏锯齿；嫩叶及花序均密被褐色毛茸。圆锥花序顶生，雌雄同株，花乳黄色，通常 2~4 朵雄花生于雌花四周；花瓣 4~5 枚，夏季开花。果实球形，卵形肉质核果。种子坚硬，色如石灰。花期 3~4 月，果期 10~11 月。

适应地区

我国广东、广西、福建、台湾均有栽培。

生物特性

喜光线充足，喜高温、多湿气候。除湿地外，一般土质均能生长，但以排水良好的砂质壤土为佳。萌生力强，生长快，易移植。枝脆易折断，抗风力差为其弱点。

繁殖栽培

扦插或播种繁殖。枝条易折，抗风力弱，避免在风口处种植。萌芽力强，恢复容易。

石栗树皮

石栗景观

景观特征

春、夏季开花，秋天结果，果球形像栗子，树名由此而来。树干粗大，树身笔直，形体美观，具观赏价值。嫩叶上的茸毛像盖了一层白霜，极具特色。

园林应用

十分适合在我国南方环境栽种，为极常见的园林树。树干相当直，且高大、生长快，笔直的主干成为早期路旁遮阴树的首选，很适合做行道树。

酸豆

别名：酸梅豆、罗晃子、酸角、酸饺
科属名：蝶形花科酸豆属
学名：*Tamarindus indica*

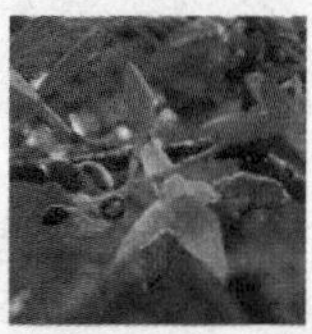
酸豆花枝 ▷

形态特征

常绿乔木。叶互生，偶数羽状复叶；小叶10~20片，矩圆形或长椭圆形，先端钝圆或浅凹，基部近圆形，偏斜，无毛。花生于枝顶，总状花序；花瓣淡黄色。荚果长圆形或线形，肥厚，深褐色，内弯，不开裂，外果皮薄，中果皮肉质，内果皮革质，里面于种子间有隔膜。种子倒卵状圆形，略扁平。花期 5~8 月，果期 12 月至翌年春季。

适应地区

现南亚热带地区均有栽培。我国海南、福建、云南、广东和广西南部常有栽培。

生物特性

阳性树种，喜炎热气候，具有旺盛的生长特性。适应性广，具有耐高温、耐干旱、耐瘠薄、耐短期冷冻、生长迅速等特点。易种，易管理，具有良好的生态效益。

酸豆景观

酸豆树皮

繁殖栽培

种子繁殖。春季将种子播于砂质壤土为基质的浅盆中，保持土壤湿润和较高的空气湿度，苗出两三片叶可移植。移栽采用“预先断根”方法，即先断侧根，保留主根，经过 4~6 个月的原地养护管理后，对 6~8 年生、胸径 8~10cm 的成龄酸豆进行带土球移植，移植后正常护理 3~6 个月，可以有效提高成龄酸豆的移植成活率。

景观特征

酸豆树干粗大，枝叶茂密，冠幅大，兼有黄色的花朵，生长茂盛，形成阴蔽后可增加土壤的蓄水能力，增加土壤湿度，能改善小环境气候。

园林应用

酸豆是国家二级保护树种，树姿宏丽，耐旱，抗风，寿命长，是优良的绿化树种和闻名遐迩的风景树。可孤植配置于庭院、公园、宅院或做行道树。果酸甜可口，可食用。

苹婆

别名：七姐果、凤眼果
科属名：梧桐科苹婆属
学名：*Sterculia nobilis*

形态特征

乔木，高达 10m。树皮灰褐色，枝叶茂密，树冠球形。单叶互生，椭圆形，叶先端急尖，基部钝，全缘，长 8~25cm，宽 5~15cm；叶柄长 2.5~5cm。圆锥花序疏散，腋生，多花，花芽纺锤状；雄花萼钟形，直径约 10cm，外被灰白色茸毛，内红色，花丝柔弱弯曲；雌花少数，子房被毛，具柄，花柱弯曲。果卵形，熟时红色。种子 1~5 颗，绿色，成熟时红色，成熟时裂开露出黑褐色种子，如凤眼微开一样，种子煨熟如栗子，非常好吃。3~5 月开花，花期 24~30 天，果实于 7 月下旬至 8 月上旬成熟。

适应地区

原产于我国南部，广东、广西、福建、云南、贵州和台湾等地均有栽种，且栽培历史在 800 年以上。

生物特性

喜温，耐湿，适于温暖、湿润的亚热带地区栽培。在深厚、肥沃、湿润的土壤上生长最好。苹婆叶大而多，需水量大，开花期干旱易引起落花、落果，秋、冬季干旱常引起落叶，雨水充足则生长和开花结果良好。

苹婆果实

繁殖栽培

繁殖易，实生、扦插、高压和嫁接均可。以扦插为最常用，直接用大枝扦插极易成活。播种后 1 个星期即发芽，6~7 年生可开花结果。通常栽培株距为 7~10m，植穴宜大、深，并施入充足基肥。生长较快，管理粗放，适应性强。

景观特征

苹婆树冠宽阔，树姿、花形俱美，叶大而碧绿，遮阴性能好。叶终年碧绿，果色鲜红，颇具特色。

园林应用

树形好，叶绿，花白，果红，艳丽夺目，在热带地区被普遍用做庭院风景树及行道树。种子可食用。

*** 园林造景功能相近的植物 ***

中文名	学名	形态特征	园林应用	适应地区
掌叶苹婆	*Sterculia foetida*	常绿乔木。叶为掌状复叶，小叶质厚，全缘，落叶期转黄色。花小，暗红色。种子黑色	同苹婆	同苹婆
假苹婆	*S. lanceolata*	常绿乔木。花小，无花瓣，萼 5 裂，淡红色。果成熟时鲜红色，有褐色种子 3~5 颗，比苹婆略小	同苹婆	同苹婆
台湾苹婆	*S. ceramica*	常绿乔木。单叶互生，心形。圆锥花序，有毛。果肥大，镰刀形，黄红色。种子 1~2 颗，褐色至黑色	同苹婆	同苹婆

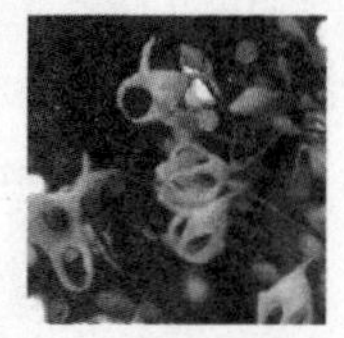
苹婆花序特写 ▷

苹婆景观

假苹婆花序

假苹婆果实

假苹婆景观

人面子

别名：银稔
科属名：漆树科人面子属
学名：*Dracontomelon duperreanum*

形态特征

常绿大乔木，高 10~20m。有板根，小枝具棱，有灰色毛。奇数羽状复叶长 30~45cm，有小叶 5~7 对；小叶边全缘，近革质，长圆状披针形。圆锥花序顶生；花冠白色，细小。核果扁球形，内核坚硬，顶端具孔眼 4~5 个，状似人的面孔，故名“人面子”。花期春末夏初，果秋末成熟。

适应地区

原产于我国广西和越南，华南地区多有栽培。

生物特性

阳性，喜温暖、湿润气候，耐寒，抗风，抗大气污染力强，不甚耐旱。宜植于土层深厚、湿润、肥沃之地。萌生力强。寿命长，可达百年以上。

人面子景观

人面子景观

人面子枝叶

人面子景观

繁殖栽培

繁殖用播种法，采收成熟果实，洒上草木灰水，堆沤 3~5 天，待果肉与核分离后，将核用水洗净，晾干，再放入湿沙中催芽，待翌年春季将发芽的幼苗移入苗床中培育。用种子繁殖，一年生苗高 50~80cm。板根明显，栽植地不宜选在建筑物旁。幼树要疏剪下部枝条，保持树干通直。

景观特征

树干通直，枝叶茂密，树冠圆伞形，叶色四季翠绿光鲜，绿阴与美化的效果甚佳，为优良的庭院风景树和行道树。

园林应用

树冠宽广浓绿，甚为美观，是庭院绿化和行道树的优良树种。果肉可加工成蜜饯和果酱。

人面子景观

银桦

科属名：山龙眼科银桦属
学名：*Grevillea robusta*

形态特征

常绿大乔木，树高可达20m，主干通直。幼株被白色茸毛，小枝有短毛。叶序互生，2回羽状深裂，长20cm，裂片7~10对，小叶仍具深缺刻，叶背覆银色茸毛，边缘反卷。总状花序，花顶生或腋生，花密生，橙黄色；花两性，无花瓣；萼片4枚，花瓣状，橙黄色，未开放时为弯曲的管状，开放后向外卷；雄蕊4枚，无花丝。果卵状矩圆形，稍压扁，花柱宿存。种子四周有翅。花期初夏，秋季结果。

适应地区

我国台湾、香港、广东、广西、云南等地引种栽培。

生物特性

喜光，喜温暖、湿润气候，根系发达，较耐旱。不耐寒，遇重霜和-4℃以下低温，枝条易受冻。生长快，土质选择不严，在肥沃、疏松、排水良好的微酸性砂壤土上生长良好。对烟尘及有毒气体抗性较强。

繁殖栽培

可用播种法繁殖，春、秋季为适期。播种成苗后可移植于苗圃培育，株高1m以上即可定植。大苗移栽须带土球，并在雨季进行。不宜重修剪，打顶后树姿极难复原。银铧树龄较短，一般三四十年生的树木就将衰老，衰老后树冠不整，加上伤冻造成的幼枝枯干，影响观赏。树干过高，根系较浅，极易造成风倒。每年冬至春季强寒流来袭时，会有落叶现象，可趁此修剪整枝，剪去主干下部侧枝，促其长高，使株形更加美观。

银桦景观

景观特征

树干通直，树冠呈圆锥形。小枝、芽、叶柄密被银色绢状毛，嫩叶浅绿色。花色橙黄，树冠圆硕，叶簇飒爽宜人。

园林应用

银桦是非常美观的行道树，遮阴效果良好，景观效果极佳。其生长迅速，病虫害较少，在庭院中丛植、散植或孤植均可，也是庭院树中应用的高级树种。

* 园林造景功能相近的植物 *

中文名	学名	形态特征	园林应用	适应地区
山龙眼	*Helicia tawaniana*	常绿乔木。春、夏间开花，秋天结种子，外观和龙眼树的果实极为类似，因此被称为"山龙眼"，种仁极为坚硬	做行道树外，还可作切花观赏	我国台湾及云南热带地区

银桦枝叶 ▷

银桦景观

银桦景观

银桦景观

吊瓜树

别名：羽叶吊瓜树、炮弹树
科属名：紫葳科吊灯树属
学名：*Kigelia africana*

形态特征

常绿乔木，高 10~15m。树干广圆形，主干粗壮，树皮厚而光滑，灰褐色。枝条柔韧、半垂，绿色至灰白色。奇数羽状复叶，对生，小叶3~5对，长椭圆状矩圆形，长7~15cm，宽 3~5cm，厚革质，叶面粗糙，深绿色，全缘，幼叶紫红色；叶柄黄绿色。总状花序生于侧枝茎干，下垂，具花10余朵，花疏生，花萼宽钟形，不规则开裂，花冠管圆柱状，深紫褐色。果圆柱形，不开裂，长30~60cm，宽约 10cm，重 3~5kg，黄褐色，坚硬。花期 4~5 月，果期 9~10 月。同属除吊瓜树外，还有羽叶垂花树（*K. pinnata*）。

适应地区

我国广东、云南等省有栽培。

生物特性

喜高温、湿润、阳光充足的环境，生长适温为 22~30℃。对土壤的要求不严，在土层深厚、肥沃、排水良好的砂质壤土中生长良好。

繁殖栽培

繁殖可采用播种、扦插和压条等方法进行。采用播种繁殖时，一般 10~11 月将采下的成熟果实敲开，取出种子晾干，翌年 3~4 月时播种。扦插宜在 4~5 月生长旺季进行，1~2 年生嫩枝扦插成活率较高。压条繁殖采用高空压条。吊瓜树的抗性强，速生，耐粗放管理，很少发生病虫害。

吊瓜树景观

景观特征

吊瓜树于 4 月前后开花，其花序中轴如绳索股可长到超出 2m。开花时，镶着黄色边缘的紫花，宛如风铃在风中摇曳，十分迷人。它的果更是奇趣，幼时淡褐色，成熟时逐步变为灰褐色，新奇有趣，蔚为壮观，形似瓜类，“吊瓜”之名由此而来。

园林应用

吊瓜树具宽阔的圆伞形树冠，有良好的绿阴效果，开花别具一格，结果独特奇异，在热带地区被普遍栽培为园林风景树和行道树。可用来布置公园、庭院、风景区和高级别墅等处。可单植，也可列植或片植。

✲ 园林造景功能相近的植物 ✲

中文名	学名	形态特征	园林应用	适应地区
火焰树	*Spathodea nilotica*	常绿乔木。基数羽状复叶，小叶矩圆形。密集型总状花序顶生，花鲜红色	同吊瓜树	同吊瓜树

吊瓜树果实 ▷

吊瓜树景观

吊瓜树花特写

火焰树花序

火焰树景观

女贞

别名：冬青、蜡虫树、蜡树、将军树
科属名：木犀科女贞属
学名：*Ligustrum lucidum*

形态特征

灌木或乔木，高可达 25m。叶片常绿，革质，卵形、长卵形或椭圆形至宽椭圆形，长 6~17cm，宽 3~8cm，先端锐尖至渐尖或钝，基部圆形或近圆形，有时宽楔形或渐狭，叶缘平坦，上面光亮，两面无毛；叶柄上面具沟，无毛。圆锥花序顶生，长 8~20cm，宽 8~25cm；花序轴及分枝轴无毛，紫色或黄棕色；花无梗或近无梗，长不超过 1mm；花萼无毛，长1.5~2mm，反折；花丝长1.5~3mm，花药长圆形，长 1~1.5mm；花柱长 1.5~2mm，柱头棒状。果肾形或近肾形，长 7~10mm，径 4~6mm，深蓝黑色，成熟时呈红黑色，被白粉；果梗长 0.5~5mm。花期 5~7 月，果期 7 月至翌年 5 月。

女贞景观

女贞景观

适应地区

产于我国长江以南至华南、西南各省区，向西北分布至陕西、甘肃。生于海拔 2900m 以下的疏林或密林中。

生物特性

喜光，耐阴，喜温暖、湿润气候，对气候要求不严，但适宜在湿润、背风、向阳的地方栽种，尤以深厚、肥沃、腐殖质含量高的土壤中生长良好。

繁殖栽培

繁殖主要靠播种，扦插也易得苗。栽培容易，耐修剪，枝条萌发力强，可作整形栽培。干旱高温季节易受介壳虫危害，应及时防治。稍大苗木移植时应带土坨，以保存活。

景观特征

可作为单干乔木孤植，终年常绿，枝繁叶茂，树冠圆整。夏季，盛开的小白花聚积成圆锥花序布满枝头，团团白花散发出芳香，在绿叶的映衬下十分醒目；秋季，叶丛中串串蓝

女贞果枝 ▷

色或紫色的果实挂满枝头，蔚为壮观；冬季绿叶葱翠，展现出坚贞不屈的风姿。

园林应用

女贞是园林中常用的观赏树种，可于庭院孤植或丛植，常作为行道树。因其适应性强，生长快又耐修剪，也常做绿篱。对多种有毒气体抗性较强，此外，叶片大，阻滞尘土能力强，能净化空气、改善空气质量，可在工矿区作抗污染的隔离带种植。一般经过 3~4 年即可成形，达到隔离效果。

女贞景观

女贞景观

糖胶木

别名：黑板树、灯架树、面盆架、面条树
科属名：夹竹桃科鸡骨常山属
学名：*Alstonia scholaris*

形态特征

常绿大乔木，高 5~30m。树冠伞盖状，枝条呈水平展开。树皮灰白色，有条状纵裂，嫩枝绿色，各部折断有白色乳汁流出。叶 4~8 片轮生，有短柄；叶片革质，长圆形或倒卵长圆形，全缘。夏季开白花，为顶生的伞形聚伞花序，花内外被毛。果成对，下垂，细长如豆角，长达 25cm，成熟为淡褐色，自两边裂开。种子有淡褐色细毛，靠风传播。果期 10 月至翌年 4 月。

适应地区

我国广东、广西、海南等地普遍栽培。

生物特性

喜高温、多湿，生长适温为 23~30℃。喜生长在空气湿度大而土壤肥沃、潮湿的环境。在水边、沟边生长良好，以排水良好、地势高且富含有机质的砂质壤土为佳。日照需充足，生长快速。

糖胶木景观

糖胶木盛花景观

繁殖栽培

用播种或扦插繁殖。树势强健，不择土壤，生长快速，能适应都市环境。栽培土质不拘，排水良好之地即能正常生长。缺点为易风折，且板根明显，易造成地表高低不平，应注意养护。

景观特征

树干挺直俊秀，枝条水平状展开，生长有层次，形如塔状。叶掌状复叶，小叶匙形或倒披针形，美似图案。夏季盛花期，满树小白花，细线形的果实形似豆角，悬垂于枝梢，别具一格。

园林应用

树形美观，生长快速，适合栽植为行道树及其他绿化、美化材料。因其对空气污染抵抗力强，树形雄伟，蔽阴良好，作为风景树、背景树，甚获人们喜爱。

糖胶木花序 ▷

糖胶木果期景观

糖胶木景观

糖胶木景观

✲ 园林造景功能相近的植物 ✲

中文名	学名	形态特征	园林应用	适应地区
盘架树	*Winchia calophylla*	常绿乔木。叶 3~4 片轮生，薄革质。顶生聚伞花序，长约 4cm；花冠呈高脚碟状，花冠白色。果圆锥形	同糖胶木	分布于我国云南、海南、福建等地

圆柏

别名：桧柏、刺柏
科属名：柏科圆柏属
学名：*Sabina chinensis*

形态特征

常绿灌木、乔木，也有匍匐性植株，最高可达 20 多米。树冠卵形或圆锥形，树枝密生，树皮褐色，常浅纵条状剥落。叶二型：成年树及老树鳞叶为主，鳞叶先端钝，覆瓦状排列；幼树常为刺叶，长 0.6~1.2cm，上面微凹，有两条白色气孔带，对生或轮生。雌雄异株。球果近圆形，有白粉。种子 1~4 颗，棱形。花期 4 月，11 月种子成熟。作为行道树使用的圆柏品种较多，主要有龙柏（cv. Kaizuca）、丹东桧（cv. Dandong）等。

适应地区

原产于我国北部及中部，北至吉林，南至广东，东至华东，西至西藏、甘肃均可栽植，是一个适应性非常广泛的树种。

生物特性

喜光，幼树耐阴，能耐低温及干旱、瘠薄。较耐湿，对土壤要求不严，在酸性、中性、石灰质土壤上均能生长，但在肥沃、湿润的土壤中生长较好。深根性，耐修剪，易整形。

繁殖栽培

扦插繁殖为主，一般在秋末至早春进行。华南地区以中海拔冷凉山区育苗为佳，插穗先使用发根剂进行处理，然后斜插于沙床中，遮阴、保湿，经 2~4 个月能发根。园林绿化一般要用袋装苗或带土球移植。作绿篱应用时，种植的株距为 1~1.5m，种植时应横竖成行，高矮大小一致。

铅笔柏枝条

景观特征

不同树龄的圆柏植株树冠形态、景观外貌有显著差别，行道树整齐端庄，叶色墨绿，优美漂亮，是北方难得的冬季常绿植物。

园林应用

可在公路、园路两侧构建形态景观，也可列植构建线条形的规则景观。圆柏在园林绿化中的用途非常广泛，除做行道树外，还可做绿篱、庭园树，其造型性能良好，可增加观赏效果。

* 园林造景功能相近的植物 *

中文名	学名	形态特征	园林应用	适应地区
铅笔柏	*Sabina virginiana*	高大常绿乔木。植株树冠圆柱形。叶刺状，开展	同圆柏	同圆柏

圆柏果枝 ▷

圆柏景观

圆柏景观

龙柏景观

龙柏景观

肯氏南洋杉

别名：猴子杉、细叶南洋杉
科属名：南洋杉科南洋杉属
学名：*Araucaria cunninghamii*

形态特征

常绿大乔木，高 60~70m。树皮粗糙。作环状剥落。幼树呈整齐的尖塔形，老树呈平顶状。主枝轮生，平展，侧枝也平展或稍下垂。叶二型，生于侧枝及幼枝上的多呈针状，螺旋状排列疏松；生于老枝上的叶则覆瓦状排列密聚，卵形或三角状钻形。雌雄异株，花不明显。球果卵形，苞鳞刺状且尖头向后强烈弯曲。种子椭圆形，两侧有翅。品种有银灰南洋杉，叶呈银灰色；垂枝南洋杉，枝下垂；智利南洋杉（也称南美杉），叶披针形，先端屈曲，密生于主枝上部，覆瓦状排列，两面光泽呈深绿色，酷似柳杉。

适应地区

我国广州、厦门、西双版纳、海南等地均有栽培。长江以北地区用于盆栽。

生物特性

喜生于空气湿润、土质肥沃之地，在山谷中发育最佳。在沙土、花岗岩土壤和页岩土壤上密集成林，在天然更新和雨林中常为散生。不耐干旱及严寒。喜光，但又畏强光，夏季应避免过强光照射。生长适温为 10~25℃，冬季温度以 7~16℃为宜。

繁殖栽培

用播种繁殖，但种子发芽率低，用破壳播种法，经 30 天后即发芽。幼苗易受病虫危害，必须严格消毒。插条繁殖较易，常以当年生木质化或半木质化的健壮枝梢做插穗，3~4 个月生根，翌年春、夏间即可移栽。生长季节最好有规律地给植株浇水，冬季只保持土壤湿润即可。夏季盆土过干、冬季浇水过多都会引起下层叶片软垂。生长季节每 2 周施一次无钙的肥料。注意不要栽植得太深，最好使上层生根的芽点刚好露在土面上。

景观特征

终年常绿，树形高大，枝条水平开展，姿态优美。幼树时树冠呈尖塔形，大枝平展，枝头微微下垂。老树侧枝的层次非常清晰，且下枝长，上枝逐次渐小，具空间层次感。

园林应用

最宜独植做园景树、纪念树或行道树。作为珍贵的室内盆栽装饰树种，用于厅堂环境点缀装饰，显得十分高雅。

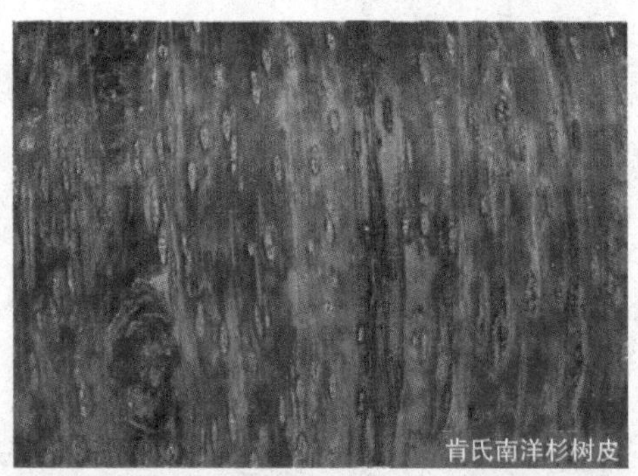
肯氏南洋杉树皮

肯氏南洋杉雄花枝条

肯氏南洋杉枝叶

✲ 园林造景功能相近的植物 ✲

中文名	学名	形态特征	园林应用	适应地区
南洋杉	*Araucaria heterophylla*	常绿乔木。分枝轮生，侧生小枝羽状，近下垂。叶锥形，螺旋状互生	同肯氏南洋杉	同肯氏南洋杉
大叶南洋杉	*A. bidwilli*	常绿乔木。叶宽大，卵状披针形或披针形，长 2.5~6cm，平行脉多条，小枝上二列生	同肯氏南洋杉	同肯氏南洋杉

肯氏南洋杉枝干

南洋杉枝条

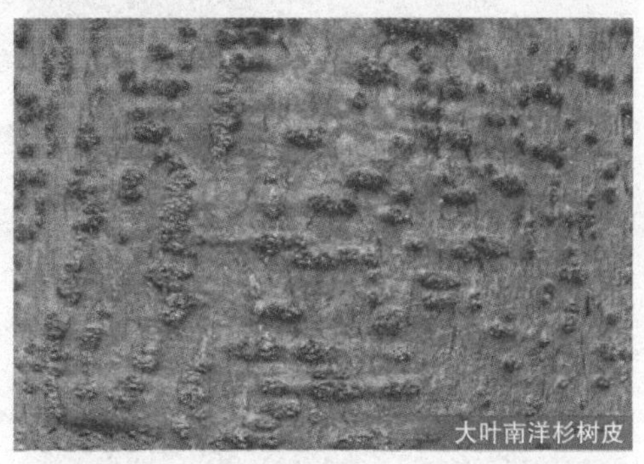
大叶南洋杉树皮

大叶南洋杉雌球果

大叶南洋杉枝条

南洋杉景观

南洋杉景观

大叶南洋杉景观

干香柏

别名：冲天柏、干柏杉、滇柏
科属名：柏科柏属
学名：*Cupressus duclouxiana*

柏木枝条 ▷

形态特征

乔木，高达 25m，胸径 80cm。树干端直，树皮灰褐色，裂成长条片脱落。树冠近圆形或扁圆形，枝条密集，斜展。一年生小枝四棱形，不下垂；二年生枝上部稍弯，向上斜展，近圆形，褐紫色。鳞叶密生，近斜方形，先端微钝，背部有纵脊及腺槽，蓝绿色，微被蜡质白粉。雄球花近球形或卵圆形。球果球形。花期 2 月，果期翌年 9~10 月。

适应地区

产于我国云南中部、西北部及四川西南部海拔 1400~3300m 的地带，是我国柏科中分布较高海拔的乔木种。

生物特性

较喜光，能耐侧方庇阴。喜温暖、湿润气候。能适应各种土壤，酸性至石灰土均能适应，尤喜钙质土类，但在深厚、疏松、肥沃、湿润之地生长最好。喜冬季干旱严寒、夏秋多雨而无酷热的气候。

繁殖栽培

选择中年健壮的母树采种。种子千粒重约 5g，发芽率约 65%。播种育苗，春播，4~5 个月生苗高 10~15cm 可出圃。用 4~5 个月生苗雨季栽植，病虫害较少。定植时，最好选择阴雨天，随起苗随栽植。起苗时，尽可能携带苗根自然黏附的宿土。主根过长，要适当截断。为了保持苗木内部水分平衡，还应适当修去苗冠和下部枝叶。要求穴土细碎，苗正根舒，打紧培土，浇足定根水。

干香柏枝条

景观特征

生长快，萌芽力强，寿命长，具苍劲之美感。

园林应用

为优良用材，是水土保持、荒山绿化的优良观赏树种。

*** 园林造景功能相近的植物 ***

中文名	学名	形态特征	园林应用	适应地区
柏木	*Cupressus funebris*	常绿乔木。树冠圆锥形。树皮幼时红褐色，老树灰褐色，为长带状薄剥落。树干通直，小枝细，细长下垂。叶小，鳞形，先端锐尖。果球形，种鳞盾形	同干香柏	同干香柏
西藏柏	*C. torulosa*	常绿乔木。小枝方形，枝叶平展。鳞叶先端尖锐，无刺叶	同干香柏	同干香柏

干香柏枝条

干香柏景观

干香柏枝条

柏木景观

柏木景观

柏木景观

西藏柏果枝

西藏柏景观

侧柏

别名：偏柏、黄柏、扁松、扁柏
科属名：柏科侧柏属
学名：*Platycladus orientalis*

形态特征

常绿乔木，高达20m。树皮淡灰褐色或深灰色，纵裂成长条片剥落。分枝密，小枝细，排在同一平面。叶鳞形，长1~3mm，交互对生。花单性，雌雄同株；雄球花生于枝顶，有6对交互对称的雄蕊；雌球花具4对交互对生珠鳞；仅中间两对各生胚珠1~2颗。球果卵球形。种子长卵形，无翅。花期3~4月，果期10~11月。园艺上的主要品种有千头柏（cv. Sieboldii），灌木，无主干，枝条丛生，树冠阔圆形；金黄球柏（cv. Semperarescens），矮小，近圆球形，全年保持金黄色；金塔柏（cv. Beverleyensis），矮型灌木，树冠球形，叶呈金黄色。

适应地区

原产于我国华北地区和黄河及淮河流域，栽培遍布全国。

侧柏景观

侧柏景观

生物特性

为喜光树种，但苗期及幼树耐庇阴。对土壤要求不严，对土壤酸碱度的适应范围广，能耐干旱、瘠薄，但在土层深厚、肥沃、排水良好的土壤上生长良好，不耐水涝。喜温暖、湿润气候。对二氧化硫、氯气、氯化氢等有毒气体抗性中等，吸滞粉尘的能力较强。

繁殖栽培

用种子繁殖或插条繁殖。以插条繁殖者，常为丛生状，叶为线状披针形，呈蓝绿色。萌芽性强而耐修剪，可于冬季适当修剪。

景观特征

幼树树冠卵状尖塔形，老树树冠广圆形，耸干参差，枝叶低垂，冠盖浓郁。

园林应用

为我国造林树种之一，尤其可作为北方干旱地区的荒山造林树种。历来配置在陵园墓地、甬道、庙宇和名胜古迹之地，可做园林植树或绿篱；如密植于风景区道旁，加以整形，颇为别致。

侧柏果枝 ▷

侧柏景观

侧柏景观

柳杉

别名：孔雀杉
科属名：杉科柳杉属
学名：*Cryptomeria fortunei*

形态特征

常绿乔木。树冠尖塔形或卵圆形，树皮深褐色，纵裂，作细长鳞片状剥落。枝轮生，大枝平展，小枝下垂。叶螺旋状排列，略成5列，钻形，先端略向内弯，四边有气孔线。雌雄同株，雄球花单生于叶腋，并近枝顶集生，雌球花单生于枝顶。球果圆球形或扁球形，10~11月间成熟，种鳞20枚左右，每枚种鳞内有种子2~3颗，呈不规则扁椭圆形，边缘有窄翅，子叶2~3片，发芽时出土。花期4月，球果10~11月成熟。园艺品种很多，有呈灌木状的观赏用品种。

适应地区

柳杉是我国特有树种，分布于福建、广东、广西、河南和长江中下游地区。

生物特性

喜温暖、湿润气候，喜酸性、肥厚和排水良好的砂质壤土。浅根性，侧根发达，生长快。

繁殖栽培

以播种繁殖为主。在10~11月采集球果，阴干后取出种子干藏，翌春播种。播前浸种催芽24小时，阴干后撒播。播后20天开始发芽出土，幼苗期每隔半个月喷一次0.3%~1%波尔多液，并搭棚遮阴。定植时期为3月或10月，加强管护。旱季常灌水，定植2~3年后即可成林成景。

柳杉枝条

景观特征

树冠高大，树干通直；枝条轮生，婉柔下垂，微风所过，翩然若舞。其树冠圆锥形或卵形，老龄时渐呈圆形，叶冬季变为褐色，翌春变为绿色，是常见的园林绿化树种之一。

园林应用

柳杉是园林绿化树种，常植于庭院、公园或做行道树。其树姿雄健优美，能吸收二氧化硫，病虫害较少，常做观赏树，列植、孤植、丛植或群植于行道、台坡边、园路交叉口、草坪边缘及树坛内等处，还可装盆摆放在大门两边及楼道。其木材纹理直，材质轻软，结构粗，也是重要的材用树种。

*** 园林造景功能相近的植物 ***

中文名	学名	形态特征	园林应用	适应地区
日本柳杉（日本孔雀杉）	*Cryptomeria japonica*	与柳杉之不同点是种鳞数多，为20~30枚；苞鳞的尖头和种鳞顶端的齿缺均较长，每枚种鳞有3~5颗种子	同柳杉	同柳杉

柳杉果枝 ▷

孔雀杉景观

日本柳杉果枝

日本孔雀杉景观

油松

科属名：松科松属
学名：*Pinus tabulaeformis*

形态特征

常绿乔木。干形圆满通直，小枝褐黄色，冬芽红褐色。树皮灰褐色，作鳞片状剥落。叶2针一束，长10~15cm，刚硬但不扎手，深绿色，有光泽。4~5月开花，雄球花簇生，雌球花和球果单生或2~4个聚生。球果卵圆状，种鳞有尖刺，球果2年成熟。

适应地区

原产于我国，黄河流域及其以北地区均可种植。

生物特性

适应性强，耐低温，抗贫瘠，喜光，为阳生植物。适生于年平均温度为15~20℃的地区，绝对最低温度在-25℃下也能正常生长。在中性至微酸性的水土流失红壤丘陵区，怕水涝和盐碱。抗风力也较强。

繁殖栽培

在播种前，用50~60℃的温水浸种，由于根系有菌根菌与之共生，所以育苗地选择以育苗老圃地为宜。若是新圃地，就应该从老林挖取林下菌根土混在苗床土壤中，进行人工接种。一般7~8月各施一次肥，用沤熟的饼肥稀释液或0.2%的尿素溶液进行追肥。覆土在早期管理中进行，覆土用带有菌根菌的土为最好，筛成细土均匀覆盖在根部。

马尾松枝叶

景观特征

树姿挺拔优美，主干通直挺拔，侧枝整齐而不庞杂，颜色翠绿，生长壮旺。其树冠青绿对称，枝干上的针状叶十分浓密，貌似狐狸尾巴。

园林应用

是风景区绿化、高速公路、铁路两旁绿化的首选树种，同时也是用材林的重要树种之一。松脂产量高，抗风性强，尤其适用于沿海地区作为防护林带，是不可忽视的优良树种。

＊园林造景功能相近的植物＊

中文名	学名	形态特征	园林应用	适应地区
湿地松	*Pinus elliotii*	常绿乔木。树皮灰褐色，沟状深裂，作鳞片状剥落。小枝橙褐色。叶3针或2针一束并存，长18~25cm，刚硬	同油松	我国长江流域以南地区均可种植
马尾松	*P. massonianus*	常绿乔木。叶2针一束，长20cm以上，柔软。球果卵形，种鳞微凹，不凸起	同油松	我国长江流域和珠江流域下游低海拔地区
云南松	*P. yunnanensis*	常绿乔木。树皮褐灰色，不规则鳞块状脱落。一年生枝淡红褐色。针叶3针一束，稀2针，柔软，长10~30cm	同油松	我国西南地区海拔800m以上的地区

油松果枝

油松景观

油松雄球花

湿地松景观

雪松

科属名：松科雪松属
学名：*Cedrus deodara*

形态特征

常绿乔木，高达70m。树皮淡灰色，裂成鳞状块片；树冠塔形至平坦伞形；一年生长枝被细毛，微下垂。叶长2.5~5cm，灰绿色，幼时有白粉，每面有数条灰白色气孔线，横切面三角形，在短枝上簇生，在长枝上稀疏互生。雌雄球花分别单生于不同大枝上的短枝顶端；雄球花近黄色，长约5cm，通常比雌球花早开放；雌球花初为紫红色，后呈淡绿色，微有白粉，较雄球花为小。球果近卵圆形至椭圆状卵圆形，长7~10cm。种鳞倒三角形，顶端宽平，背面密生锈色毛；种子上端有倒三角形翅。花期2~3月，球果翌年10月成熟。按雪松针叶生长情况分为厚叶雪松（又称短叶雪松，针叶短，平均长2.8~3.1cm，枝平展开张，小枝略垂或平展，树冠壮丽，生长较慢）、垂枝雪松（又称长叶雪松，针叶长，平均3.3~4.2cm，枝条下垂，

雪松雌球花

树冠尖塔形，生长较快）、翘枝雪松（针叶3.2~3.8cm，枝条上翘，小枝微垂，树冠宽塔形，生长最快）。

雪松景观

雪松雄球花 ▷

适应地区

喜马拉雅山、西藏西南部有天然林生长，现长江、黄河流域及华北、西南等地许多城市均有栽培。

生物特性

雪松是阳性树种，有一定的耐阴、耐寒能力，耐旱能力强，不耐烟尘。喜土层深厚而排水良好的酸性土壤，怕积水，为浅根性树种。生长速度较快，属于速生树种。

繁殖栽培

用种子繁殖，但须人工辅助授粉，才能获得种子；也可扦插繁殖，早春剪取幼龄树枝条扦插。播种树形整齐，扦插苗注意整形，保护顶技，防积水。雪松移植时间在夏季第一次生长停止后约 1 个月时间为宜。栽植位置最好选在背风向阳处，立地条件差的要先进行改换土。起挖前修剪病枝及细弱枝，要仔细捆扎枝条，以免挖时损伤下部枝条。起挖土球为胸径的10~15倍，用草绳或木箱包装。

景观特征

侧枝平展，冠似宝塔，姿势雄伟，四季常青，是优雅的观赏树种之一。挺拔的主干，生长旺盛，大侧枝不规则轮生，向外平行伸出，四周均衡、丰满，小枝微下垂。下部的侧枝长，渐至上部依次缩短，疏密匀称，形成塔形树冠。

园林应用

雪松高大雄伟，树形优美，是世界上著名的观赏树之一，可在庭院中对植，也适宜孤植或群植于草坪上。对大气中的氟化氢、二氧化硫有较强的敏感性，可做大气监测植物。

雪松景观

雪松景

雪松景观

雪松景

麻楝

科属名：楝科麻楝属

学名：*Chukrasia tabularis*

麻楝花序 ▷

形态特征

常绿乔木，高 10~30m。小枝赤褐色，无毛。叶通常为双数羽状复叶，长 30~50cm；小叶 10~16cm，互生，纸质，卵形至矩圆状披针形。主脉和侧脉的角偶处有黄色柔毛。无毛圆锥花序顶生，花黄色带紫；萼杯状，裂片 4~5 枚，花瓣 4~5 枚，矩圆形；雄蕊花丝合生成，花药 10 枚，着生于筒的近顶部；子房有柄，3~5 室。蒴果近球形，直径 3.5~4cm，3~5 瓣裂开。种子扁平，有膜质的翅。花期 5~6 月，果期 10~11 月。

麻楝行道树景观

适应地区

主要分布于我国广东、海南、广西、云南、贵州等省区。

麻楝行道树景观

生物特性

阳性树种，喜光，喜暖热气候及湿润、肥沃的土壤，在瘠薄、干旱的地方则少见。抗风，抗大气污染，生长快。

繁殖栽培

种子繁殖。果实成熟后宜及时采种，以免种子散失，即采即播。不合理地强度修剪会导致麻楝长势减弱，树冠难丰满茂盛，所以应注意养护。

景观特征

初春，嫩红或紫红的叶片娇嫩欲滴；入夏，树冠下部的叶片由红转绿，渐渐地其枝条顶端还会冒出黄中带紫的花朵，远远望去如烟如雾，美不胜收；待天气转凉，所有嫩叶又恢复成红色，特别是秋霜过后，红色会越发鲜艳，透出成熟之美。

园林应用

树形美观，叶秀花香，是高级的庭院风景树、绿阴树和行道树。

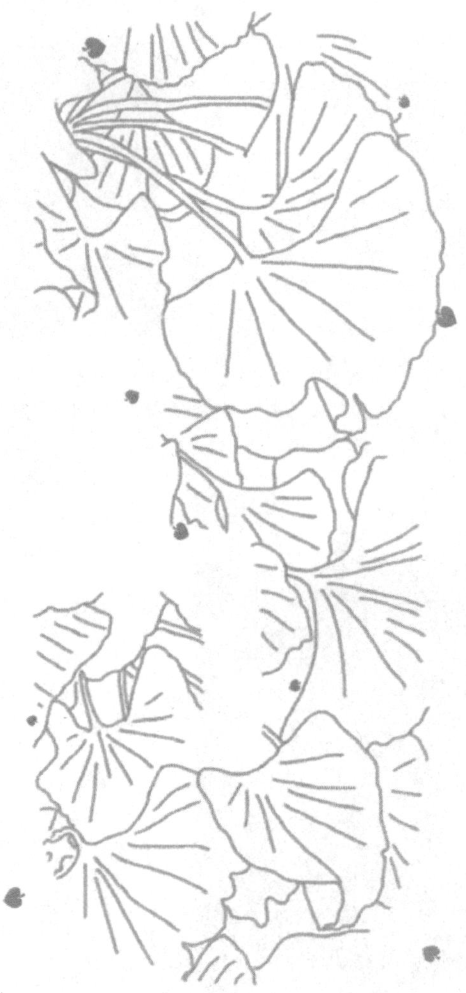

第三章 落叶型行道树造景

造景功能

该类植物具有明显的季相变化，春季树叶萌发，夏季枝叶繁茂，秋季叶片变色并开始凋落，冬季基本无叶。根据叶片的形状可将其分为落叶针叶树和落叶阔叶树。落叶树种在我国北方及中部省区使用较多，常见的品种有水杉、银杏、国槐、枫香、法国梧桐、毛白杨等。

水杉

科属名：杉科水杉属
学名：*Metasequoia glytostroboides*

形态特征

落叶乔木。树冠幼年时为尖塔形，老年时则枝条展开成椭圆形。树干基部常膨大。树皮灰褐色，浅纵裂，条形剥落。大枝不规则轮生，小枝对生，下垂。叶线形，扁平、柔软，交互对生，羽状，嫩绿色，入冬与小枝同时凋零。雌雄同株，雄球花单生于叶腋，雌球花单个或成对散生于枝上。球果近圆形，具长柄，下垂。花期 3 月，果期 10~11 月。

适应地区

原产于我国湖北利川等地，现广泛栽培于长江流域。

生物特性

阳性树，喜光，较耐寒，不耐阴。喜温暖、湿润气候，要求产地 1 月平均气温在 1℃左右，最低气温为-8℃，年降雨量为1500mm。适应性强，在土层深厚、湿润、肥沃、排水良好的河滩和山地黄壤土生长旺盛。不耐干旱、瘠薄，也怕水涝。

繁殖栽培

用播种和扦插繁殖。水杉树龄 25 年以下结籽甚少，故多用扦插繁殖。硬枝和嫩枝均可扦插，成活率取决于插穗母树的树龄和插穗本身，经常保持湿润、通风，可促进插穗早日生根。挖起后，应将苗根浸入水中，移栽易成活。移栽时小苗要多带宿土，大苗要带土球，施足底肥，栽后浇透水。

景观特征

水杉树冠呈圆锥形，姿态优美。叶色秀丽，秋叶转棕褐色，甚为美观。宜在园林丛植、列植或孤植，也可成片种植。水杉生长迅速，是郊区、风景区绿化中的重要树种。

园林应用

子遗植物，为重点保护植物之一。水杉树姿优美，叶色多变，是著名的庭园观赏树。它对二氧化硫有一定的抗性，是工厂绿化的好树种。

* 园林造景功能相近的植物 *

中文名	学名	形态特征	园林应用	适应地区
水松	*Glytostrobus pensilis*	落叶乔木。叶二型，在宿存枝上的叶小，鳞形，贴生；在脱落性枝上的叶较长，线形或线状钻形。雌雄同株	中国特有单种属植物和子遗种。常作水边栽培	我国福建、江西、广东、广西、云南
落羽杉	*Taxodium distichum*	落叶乔木。树干基部有膝状凸起，干旱地区不明显；树皮裂成长条片脱落。叶线形，螺旋状互生	喜湿,又较耐旱。树形美观，为很好的观赏树种	我国江苏、广东有栽培
池杉	*T. distichum* var. *imbricatum*	落叶乔木。枝上的叶不成线状，而是钻形叶，向内弯曲，螺旋排列于小枝上。球果圆球形，略下垂	可做湖水岸边绿化树种	原产于北美。现在我国长江流域多有引种

水杉枝叶 ▷

水杉景观

水杉景观

池杉景观

落羽杉景观

银杏

别名：公孙树、鸭脚树
科属名：银杏科银杏属
学名：*Ginko biloba*

形态特征

落叶乔木，高达 40m。树皮淡灰色，老时纵直深裂。雌雄异株；通常雄株长枝斜上伸展，雌株长枝较雄株开展和下垂；短枝密，被叶痕，黑灰色；冬芽黄褐色，圆锥形，钝尖。叶片扇形或倒三角形，有时中央浅裂或深裂，基部楔形；叶脉二叉分出。球花均生于短枝叶腋；雄球花有短梗，雄蕊花丝短；雌球花有长梗。种子核果状，椭圆形、倒卵形或圆球形，成熟时橙黄，有白粉。花期 3 月下旬，种子 9~10 月成熟。变种有塔形银杏（var. *fastigiata*），靶长上伸，呈狭塔形；垂枝银杏（var. *pendula*），枝下垂；大叶银杏仁（var. *lacinia*），叶形大，缺刻深；斑叶银杏（var. *variegata*），叶有黄斑；黄叶银杏（var. *aurea*），叶鲜黄色。

适应地区

在我国分布范围广，重点分布地区有江苏泰兴，邳州吴县，山东郯城、海阳，浙江长兴、临安、诸暨，河南罗山，湖北随州、安陆、孝感，广西灵川、兴安，贵州盘县，甘肃徽县等。

生物特性

适应性强，对土壤的要求不严，抗旱力较强。萌蘖力强，耐修剪。根际萌蘖旺盛，可以形成“五代同堂”“怀中抱孙”等自然风景。树体高大，寿命长。对烟尘有较强的吸附能力，且根系发达，具有很强的水源涵养能力。较耐寒而不耐湿热。一般生长缓慢，但在适宜栽培条件下可加速生长。深根性，细根密集，多分枝。

银杏景观

银杏枝叶特写 ▷

繁殖栽培

种子繁殖和扦插繁殖。银杏极少病虫害，不污染环境，是著名的无公害树种。每年冬季，剪除枯枝、细枝、弱枝、重叠枝和伤残枝，还有直立性枝条和病虫枝条。一般长江以南地区宜在 9~11 月栽植，北方地区以春季清明前后栽植为宜。

景观特征

银杏具良好的观赏价值，夏天一片葱绿，秋天金黄可掬，给人华贵典雅之感。其树干挺拔，冠盖浓郁，叶片呈扇形，宋代苏东坡曾有诗云“满目清秀如画，一树擎天，圈圈点点文章”，对银杏的赞美之情溢于言表。

园林应用

银杏是一种集食用、药用、材用、绿化和观赏为一体的多功用树种，因此古今中外均把它作为庭院、行道、园林绿化的重要树种。

银杏景观

银杏冠大阴浓，具有降温作用，观赏性极强，不论孤植、列植还是丛植，均极相宜。

银杏景观

银杏景观

云南樱花

科属名：蔷薇科樱属
学名：*Prunus cerasoides*

形态特征

落叶乔木，高3~10m。幼枝绿色，被短柔毛，老枝灰黑色。叶互生，叶片近革质，卵状披针形或长圆状，长4~12cm，宽2.2~4.8cm，先端长渐尖，基部圆钝，叶边有细锐重锯齿，齿端有小腺体，侧脉10~15对；叶柄长先端有2~4枚腺体；托叶线形。总苞片大型，先端深裂，花后凋落；伞形花序，有花1~3朵；苞片近圆形，边有腺齿，革质；萼筒钟状，红色；萼片三角形，先端急尖，全缘，常带红色；花瓣卵圆形，先端圆钝或微凹，花粉红色至深红色。核果卵圆形，熟时紫黑色。花期2~3月。

云南樱花枝叶

适应地区

产于西藏东南部、云南西北部、福建武夷山。生于海拔2000~3700m的山坡、疏林、灌丛中。

生物特性

对气候、土壤适应范围较宽，无论野生或栽培种，都表现出喜光、耐寒、抗旱的习性。不耐盐碱，根系浅，对烟尘、强风抗力弱。

＊园林造景功能相近的植物＊

中文名	学名	形态特征	园林应用	适应地区
冬樱花	*Prunus majestica*	落叶乔木。树皮浅褐色，小枝绿色。先花后叶，花深红色，花呈半开状态，下垂。花期11月至翌年1月	同云南樱花	我国云南
寒绯樱	*P. campanulata*	落叶乔木。花呈钟状，粉红于绯红色。每年1~3月，花先于叶开，整束繁花似锦。其果实酸甜略涩	同云南樱花	我国东南部及台湾
日本早樱	*P. subhirtclla*	小乔木，高约5m。树皮横纹状，老树皮纵裂。小枝褐色。叶倒卵形至卵状披针形	同云南樱花	长江流域地区
日本晚樱	*P. yedoensix*	落叶乔木，高达16m。树皮带银灰色。叶边缘有尖锐的单或重锯齿，多少带刺芒状	同云南樱花	华北地区及长江流域各城市为多
大山樱	*P. sargentii*	落叶乔木。树皮暗棕色，有环状条纹。托叶早落；叶片卵状椭圆形，先端尾状渐尖，边缘具尖锐重锯齿	同云南樱花	东北地区有栽培

云南樱花花序

要求深厚、疏松、肥沃和排水良好的土壤，对土壤 pH 值的适应范围为 5.5~6.5，不耐水湿。

繁殖栽培

播种或嫁接繁殖。嫁接繁殖可用实生苗或樱桃做砧木，常用切接法，也可芽接，砧木最好为 3 年小苗。播种用于培育砧木和选育品种，种子有休眠期，必须沙藏以打破休眠，春播。此外，树基部萌蘖颇多，可分蘖或插条繁殖。移植宜在秋季进行，幼树整枝可于春季花后进行，但大树切忌擅自修剪。易受病虫侵害，栽培管理中尤应注意。

景观特征

是世界著名的花木，我国早在秦汉时期，樱花栽培已应用于宫苑之中，唐朝时已普遍出现在私家庭园里。云南樱花树姿洒脱开展，花枝繁茂，花开满树，盛开时如玉树琼花，甚是壮观，是优良的园林观赏植物。

云南樱花景观

园林应用

人们常将其种植在建筑物前、草地旁、山坡上、水池边，孤植、群植都很适宜。夏季枝叶繁茂，绿阴如盖，作为次干车行道或人行道上的行道树也十分美丽得体。可做绿篱或制作盆景，还是一种良好的切花，花枝可保持近半个月之久。

云南樱花景观

云南樱花景观

刺桐

别名：木本象牙红
科属名：蝶形花科刺桐属
学名：*Erythrina variegata*

形态特征

落叶小乔木，高 4~10m。树干上面布满瘤状黑刺。三出复叶，嫩叶有柔毛，总柄长 24~27cm，基部膨大；小叶叶柄基部各有蜜腺 1 对；托叶线形，早落。小叶平滑，广卵形或卵状菱形，叶柄有短茸毛。花大，蝶形，长 5~6cm，排成总状花序，长约 15cm，在花序轴上数朵簇生或成双着生；花冠狭长，旗瓣伸出呈象牙状，翼瓣与龙骨瓣近等长，鲜红色，鲜艳夺目，有光泽。花期 2~3 月，花先于叶开放，果期 8 月。品种有黄脉刺桐（var. *picta*），叶片上面叶脉处具金黄色条纹。

适应地区

我国华南地区及四川栽培较广。

生物特性

适应性强，喜强光照，要求高温、湿润环境和排水良好的肥沃砂质壤土。耐热、耐旱、耐瘠、耐碱，抗风力强。易移植，耐修剪。树龄长。

繁殖栽培

种子及插条繁殖。冬季落叶时，可进行整枝。

黄脉刺桐叶片

刺桐景观

刺桐景观

景观特征

树身高大挺拔，枝叶茂盛，花期每年 3 月，花色鲜红，花序颀长，远远望去，一个个花序就像一串串熟透了的火红辣椒。

园林应用

适合单植于草地或建筑物旁，可供公园、绿地及风景区美化，又是公路及街道的优良行道树。木材白色而质地轻软，可制造木器或玩具。树叶、树皮和树根可入药，有解热和利尿的功效。

刺桐花序

✲ 园林造景功能相近的植物 ✲

中文名	学名	形态特征	园林应用	适应地区
鸡冠刺桐	*Erythrina crista-galli*	花萼、花冠均为橙红色，长 4~5cm，旗瓣反折。花期 4~7 月	可做行道树，适宜庭院栽植	我国华南地区
龙牙花	*E. corallodendron*	小叶稍薄。稀疏总状花序腋生，花深红色。春至秋季均能开花	可做行道树，适宜庭院栽植	同刺桐

鸡冠刺桐景观

鸡冠刺桐花序

龙牙花果枝

龙牙花花序

凤凰木

别名：红花楹树、火树
科属名：苏木科凤凰木属
学名：*Delonix regia*

形态特征

落叶乔木，高达 6~12m。枝条呈伞形展开。叶为 2 回羽状复叶，长 30~60cm，小叶 10~20 对，叶片椭圆形，平滑，长 1~1.2cm，宽 0.4cm。花顶生，总状花序，花瓣 5 枚，焰红色带黄晕，花径 8~11cm，花梗长 6~7cm。荚果为扁平舌状，长 30~60cm。种子扁平长椭圆形，长约 2cm 左右，具有灰白色缟纹斑点。花期 6~7 月，果期 10~11 月。

适应地区

我国华南地区常见栽培。

生物特性

阳性树种。不耐阴蔽，喜高温、多湿气候，生长适温为 23~30℃。不耐寒，也不耐干旱、贫瘠。喜疏松、湿润、肥沃、排水良好的砂质壤土或冲积土。萌生力强，生长迅速。

繁殖栽培

播种繁殖，播前宜用热水浸种，以利发芽。因根系有板根效应，不宜栽植在建筑物旁。

景观特征

树冠宽阔，叶形如鸟羽，有轻柔之感，花大而色艳，初夏开放，满树如火，与绿叶相映更为美丽，景观极美。

园林应用

夏季花开艳红，一片花海，有“南国美人”之称，在华南各市多栽植做庭阴树及行道树。

凤凰木景观

凤凰木果枝 ▷

凤凰木枝叶

凤凰木景观

凤凰木景观

凤凰木景观

凤凰木景观

鱼骨松

别名：圣诞树、银荆树、澳大利亚金合欢
科属名：含羞草科相思属
学名：*Acacia decurrens* var. *dealbata*

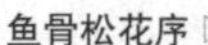

鱼骨松花序 ▷

形态特征

常绿乔木，高约 25m。树皮绿或灰色，小枝具棱角。2 回羽状复叶；小叶线形，银灰色或浅灰蓝色，被短茸毛。头状花序，具小花 30~40 朵，黄色，有香气。荚果成熟期 5~6 月。种子卵圆形，黑色，有光泽。花期 1~3 月。品种有黑荆树（*Acacia decurrens* var. *mollis*），也称“黑荆木”，常误称为“鱼骨松”，萌发力强，生长迅速，常用以营造薪炭林，每年 2~3 月开黄色花，极繁盛，也常作行道树栽培。

鱼骨松景观

适应地区

我国云南、浙江等南方省区有引种栽培。

生物特性

强阳性树种，根系分布广，主要分布在 25~120cm 深的土层中，易于移植，成活率高。对土壤适应性强，宜土质疏松、土层深厚的堆积土或砂质壤土。要求年均气温为 15~21℃，能耐极端低温 -8℃。

鱼骨松果枝

繁殖栽培

种子繁殖，育苗季节分为春播和秋播。春播在 2~3 月进行，每亩用种量 0.5~1kg，一年生苗高 1m 以上；秋播在 8~10 月份进行，每亩用种量 1~2kg，一年生苗高 30cm。起苗时要注意保护根系，春播大苗时，应尽量剪去枝叶或采用截干苗。栽植应使苗木根系舒展，分层踏实，深及根颈。气候暴热和雨水过多的季节或因机械损伤而发生流胶病，是对气候不适应的生理反应。因此气候过热应注意遮阴，雨水过多应注意挖沟排水。病虫害少。

景观特征

生长快，早花早实，一般 3~5 年即可开花。枝条细长，羽状复叶，色泽优雅，枝叶为上等插花素材。每年 2~3 月开黄色花，极繁盛。

园林应用

典型的多用途树种，可用于观赏绿化、水土保持、用材、土壤改良、造纸、饲料等。可丛植、列植于草坪、广场、学校、医院等地，也可营造防护林。

国槐

别名：槐树、家槐
科属名：蝶形花科槐树属
学名：*Sophora japonica*

形态特征

落叶乔木，高15~25m。叶互生，羽状复叶，长15~25cm；叶轴有毛，基部膨大；小叶9~15片，卵状长圆形，顶端渐尖而有细突尖，基部阔楔形，下面灰白色，疏生短柔毛。圆锥花序顶生；萼钟状，有5个小齿；花冠乳白色。荚果肉质，串珠状。种子肾形。花、果期9~12月。品种有龙爪槐（var. *pendula*），枝屈曲下垂，作蟠龙状；紫花槐（var. *pubescens*），小叶背面有柔毛，花瓣紫色。

适应地区

原产于我国北部，长江及黄河流域均有栽植。

生物特性

温带树种，喜阳光，宜湿润、肥沃的土壤。有抗旱、抗高温、耐盐碱、耐土壤密实、耐城市土壤多夹杂物的生态特性。深根性，根系发达，抗风力强，萌芽力也强。对二氧化硫、氯气等有毒气体有较强的抗性。

繁殖栽培

用播种法繁殖，也可用分蘖法。龙爪槐以嫁接繁殖，用国槐做砧木。作行道树栽植时，无明显的中央主干，分枝点高度应控制在2~3m，树冠自然形成圆球形。

国槐果枝

刺槐果枝

景观特征

作行道树栽植已有悠久历史，北京街道最多。《长物志》中对其有“槐榆宜植门庭，极扉绿映，真如翠幄”的描述，姿态优美，绿阴如盖。

园林应用

可做行道树，并为优良的蜜源植物，也适合在草坪中做绿阴树，为我国北方主要的观赏树种。

*** 园林造景功能相近的植物 ***

中文名	学名	形态特征	园林应用	适应地区
刺槐	*Robinia pseudoacacia*	落叶乔木，高达25m。长圆形树冠。奇数羽状复叶，叶痕下具有托叶刺，小叶7~25片，互生，椭圆形或卵形，顶端圆或微凹，有小尖头，基部圆形。总状花序的白花，下垂，幽香宜人	同国槐	同国槐

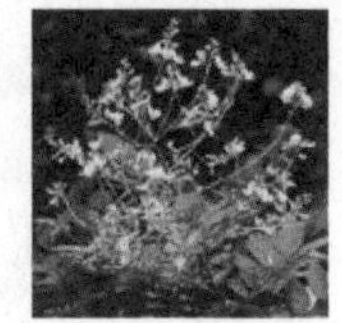
国槐花序 ▷

国槐景观

刺槐盛花景观

刺槐景观

白玉兰

别名：玉兰
科属名：木兰科木兰属
学名：*Magnolia denudata*

白玉兰果枝

形态特征

落叶乔木，高可达 15m。树冠宽卵形。冬芽密被黄绿色茸毛。叶互生，倒卵形，尖端短而突尖，幼时叶背有柔毛。花枝开展；花大，单生于枝顶，白色，有香气；花先于叶开放，花被片 9 片，倒卵形。聚合果圆筒状，红色至淡红褐色。花期 2~3 月，果期 8~9 月。品种主要有紫基玉兰、多瓣玉兰和飞黄玉兰等。

白玉兰景

适应地区

原产于我国中部各地山区，自秦岭至五岭均有分布，各地庭园栽培。

生物特性

阳性树种，喜阳光充足，耐寒。肉质根，适生于土层深厚的微酸性或中性土壤，不耐盐碱，土壤贫瘠时生长不良，畏涝忌湿。对二氧化硫、氯和氟化氢等有毒气体有较强的抗性。寿命长，可达千年以上。

繁殖栽培

嫁接、分蘖、压条、扦插、播种繁殖均可。嫁接以木兰为砧木，取 1~2 年生的玉兰枝条为接穗，新叶未开前进行。分蘖可择春季于根际分蘖处进行。压条于春季进行，生根后，翌年春季分离。扦插于春季取嫩枝进行。播种于春季进行。栽培以春季移植为好，也可秋季移，但要剪叶。大树移植须带土球。移植后要适时浇水、中耕和除草。施肥以基肥为主，小苗及时去砧芽，摘除花芽，修剪宜轻。栽培常有枝茂叶盛而开花极少，需停止使用氮肥，剪除徒长枝，施行曲枝，使其矮化，增加磷、钾等微量肥料，以促进开花。

景观特征

是我国名贵观赏花木，花开季节，玲珑剔透，香飘十里。早春花先于叶开放，盛开时皎洁晶莹、灿烂夺目，花朵硕大，花香似兰，深受人们喜爱。白玉兰先花后叶，花洁白、美丽且清香，早春开花时犹如雪涛云海，蔚为壮观。

园林应用

实生起源的大树常主干明显，树体壮实，节长枝疏，然花量稍稀。嫁接种往往呈多干状或主干低分枝状特征，节短枝密，树体较小巧，但花团锦簇，远观洁白无瑕，妖娆万分。故不同起源之白玉兰在园林应用中情趣各异，在小型或封闭式的园林中，孤植或小片丛植，宜用嫁接种，以体现古雅之趣；而风景游览区则宜选用实生种，以表现粗犷、纯朴的风格。

胡桃

别名：核桃
科属名：胡桃科胡桃属
学名：*Juglans regia*

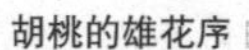

胡桃的雄花序 ▷

形态特征

乔木，高 20~25m。树冠宽卵形。树皮灰色，浅纵裂；髓部片状。单数羽状复叶长 25~30cm；小叶 5~11 片，椭圆状卵形至长椭圆形，长 6~15cm，宽 3~6cm，上面无毛，下面仅侧脉腋内有 1 簇短柔毛；小叶柄极短或无。花单性，雌雄同株；雄花柔花序下垂，通常长 5~10cm，雄蕊 6~30 枚；雌花序簇状，直立，通常有雌花 1~3 朵。果实球形。花期 4~5 月，果熟期 9~10 月。相近种有美国黑核桃（*J. nigra*），新引进的果材兼用树种，落叶乔木，速生，果皮黑褐色，肉质根系，不耐水湿，抗旱、抗病虫害能力较强。

核桃景观

适应地区

华北、西北、西南及华中等地均有大量栽培，长江以南各省较少。

生物特性

喜光，耐干旱，耐寒冷，不耐湿热。根深，适应多类土壤生长，喜深厚而排水良好的中性土或钙质土。抗病能力强，寿命长。

繁殖栽培

用种子或嫁接繁殖。8~9 月果熟后采种，采种后脱皮、晾干、干藏，3 月中旬播种。嫁接在 3 月下旬至 4 月上旬进行。采集生长健壮、无病虫害的一年生枝做接穗，4 月上旬待核桃砧木芽萌动开始嫁接。栽植时间在萌芽前（3 月下旬），栽植 1~2 年生苗木成活率高，栽后应浇透水，并加强水肥管理。6~7 月注意防治病虫害。落叶后不可剪枝，否则易造成伤流，影响树木长势。

景观特征

树冠雄伟，树干洁白，枝叶繁茂，在园林中可作道路绿化，起防护作用。

园林应用

广为栽培，公园常见，也可做行道树，为重要的木本油料、用材及观赏树种。

✲ 园林造景功能相近的植物 ✲

中文名	学名	形态特征	园林应用	适应地区
枫杨	*Pterocarya stenoptera*	落叶乔木，高达 30m。裸芽密被褐色毛。羽状复叶的叶轴有翼，长椭圆形。果序下垂，坚果近球形	同胡桃，较耐水湿	同胡桃

垂柳

别名：水柳、垂丝柳、倒垂柳
科属名：杨柳科柳属
学名：*Salix babylonica*

形态特征

落叶乔木，高达15m。小枝细长，下垂，淡紫绿色或褐绿色，无毛或幼时有毛。叶狭披针形或线状披针形，长7~15cm，宽5~15mm，顶端渐尖，基部楔形，有时歪斜，边缘有细锯齿，无毛或幼时有柔毛，背面带白色；叶柄长6~12mm，有短柔毛。花序轴有短柔毛；雄花序长2~4cm，苞片长圆形，背面有较密的柔毛，雄蕊2枚，基部微有毛，腺体2枚；雌花序长1.5~2.5cm，腺体1枚，子房无毛，柱头4裂。蒴果黄褐色。种子细小，外披白色柳絮。花期4月，果熟期4~5月。品种有金丝垂柳。

垂柳景观

适应地区

全国各地均有栽培，主要分布于我国长江流域及其以南各省区。

生物特性

喜光，喜温暖、湿润气候及潮湿、深厚之酸性及中性土壤。较耐寒，特耐水湿，但也能生于土层深厚之高燥地区。萌芽力强，根系发达，生长迅速，15年生树高达13m。寿命较短，30年后渐趋衰老。

繁殖栽培

扦插极易成活。除一般的枝插外，实践中人们常用大枝埋插以代替大苗，称“插干”，扦插在春、秋季和雨季均可进行。由于长期营养繁殖，20年左右便出现心腐、枯梢等衰老现象，提倡用种子繁殖。垂柳栽植通常选用2年生以上的壮苗，胸径3cm以上的大苗截干。栽植时，根系舒展，切勿窝根，栽后浇透水。河滩和沙土地可采用插干和插条。衰老快，在修剪过程中注意剪掉病虫枝、衰败枝，并注意培养冠形。

景观特征

垂柳枝条纤细、修长下垂，春天“翠条金穗舞娉婷”，夏天“柳渐成阴万缕斜”，秋天“叶叶含烟树树垂”。“春来无处不春风，偏在湖桥柳色中”，柳色成了春天的象征，其柔软嫩绿的枝条及丰满的树冠都给人以亲切、优美之感。

园林应用

垂柳姿态优美潇洒，植于河岸及湖池边最为理想，柔条依依拂水，别有风致，自古即为重要的庭院观赏树。其对空气污染及尘埃的抵抗力强，适于在都市庭院中生长，尤其适生于水池或溪流边。此外，垂柳对有毒气体抗性较强，并能吸收二氧化硫，故也适用于工厂区绿化。由于垂柳种子成熟后柳絮飘扬，故最好栽植雄株。

旱柳枝叶 ▷

垂柳景观

垂柳景观

垂柳景观

＊园林造景功能相近的植物＊

中文名	学名	形态特征	园林应用	适应地区
旱柳	*Salix matsudana*	树冠卵圆形或倒卵形。树皮灰黑色，纵裂。小枝黄绿色。叶披针形，有细锯齿	可做行道树、庭阴树和营造防护林及沙荒造林等	我国分布甚广，黄河流域为其分布中心

金枝柳（垂柳）枝条

龙爪柳枝叶

旱柳景观

杜仲

别名：丝连皮、扯丝皮、丝棉皮、思仲
科属名：杜仲科杜仲属
学名：*Eucommia ulmoides*

杜仲果枝 ▷

形态特征

落叶乔木，高达15m。树皮灰色，折断有银白色细丝。小枝光滑，皮灰褐色。叶椭圆形或长圆状卵形，顶端急尾尖，边缘有锯齿，背面有柔毛。花先于叶或与叶同时开放，无花被。果长椭圆形。有1颗种子。花期4月，果熟期9~10月。品种按枝条变异特征划分，有短枝杜仲，其特点是枝条上叶子生长稠密，节间较普通杜仲短，似果树短枝性状；龙拐杜仲，其枝条生长弯曲，似龙拐状，叶色为浅绿色至绿色，叶片下垂明显。

适应地区

在我国大多数分布在华中地区和西南暖温带气候区内，其分布区大体上和长江流域相吻合，即黄河以南，五岭以北，甘肃以西。

生物特性

喜光树种，只有在强光、全光条件下才能良好生长。深根系树种，具有耐干旱的能力。杜仲对土壤条件要求不严格，在轻酸性土及轻碱性土都能生长，其中以在深厚、肥沃的壤土、砂壤土及砾质壤土生长最好。

杜仲景观

杜仲景观

繁殖栽培

多用扦插繁殖，即插根育苗和休眠枝扦插育苗，以嫩枝扦插最佳，此法成活率高，生根快。由于杜仲根系发达，且主干木质坚硬，故在大风天气下较抗风倒和风折。但杜仲叶形大，枝叶生长茂盛，遇到6级以上大风时，树枝易被折断。

景观特征

树姿优美，叶油绿发光，能抗酷热、干旱，且树体抗性强，病虫害很少，不需喷洒农药，是城市园林绿化及庭院观赏非常理想的树种。

园林应用

为我国特有树种，经济价值很高，资源稀少，被定为国家二级珍贵保护树种。北京、南京、杭州、洛阳等城市利用杜仲做行道树或进行公园、庭院绿化，均取得了非常满意的效果。

枫香

别名：枫树
科属名：金缕梅科枫香树属
学名：*Liquidambar formosana*

形态特征

落叶大乔木，高 40m。树干通直，树形广卵形，树皮在老树有纵裂。叶 3 裂，幼叶有时 5 裂，边缘有细锯齿，先端渐尖，叶宽达 15cm，秋季日夜温差变大后叶变红、紫、橙红等，增添园中秋色。花单性同株，雄花排成柔荑花序，无花瓣，雄蕊多数，顶生；雌花圆头状，悬于细长花梗上，生于雄花下叶腋处，子房半下位，2 室。头状果实有短刺，花柱宿存；孔隙在果面上散放小形种子。花期 3~4 月，果 10 月成熟。

枫香果枝

适应地区

产于我国长江流域及其以南地区，西至四川、贵州，南至广东，东到台湾。垂直分布一般在海拔 1000~1500m 以下的丘陵及平原。

枫香景观

生物特性

适应能力强，病虫害较少，具有生长快、适应广、喜光、耐瘠薄等特点，是我国重要观赏树种之一。不耐寒，黄河以北地区不能露地越冬，不耐盐碱及干旱，在南方湿润、肥沃土壤中大树参天，十分壮丽。

繁殖栽培

以播种法为主，春季为最佳季节。播种成苗后，可先假植于苗圃肥培，视植株稍壮后再予以定植。种子有隔年发芽的习性，故播种后要善于管理，才能得到优质苗木。肥料使用有机肥或三要素肥皆可，以春、夏季施肥为主，秋、冬叶片掉落后无叶片行光合作用，施肥效用不大。只要养护得宜，自然树冠端正，仅局部修剪侧枝即可，顶部可任其伸展。但因不耐修剪，大树移植较困难。

景观特征

树高干直，树冠宽阔，气势雄伟，深秋叶色红艳，美丽壮观，是南方著名的秋色叶树种。其幼叶呈现紫红色，秋、冬季温度变化较大

枫香花枝

时，叶片由绿转变为黄或红，由于叶红素较少，因此容易产生落叶缤纷的现象，颇具诗情画意，常是文人墨客吟诗作对的灵感所在。

枫香景观

园林应用

在我国南方低山、丘陵地区营造风景林很合适。园林中可栽植做庭阴树，也可于草地孤植、丛植，或于山坡、池畔与其他树木混植。倘与常绿树丛配合种植，秋季红绿相衬，会显得格外美丽。因枫香具有较强的耐火性和对有毒气体的抗性，也可用于厂矿区绿化。

枫香景观

法国梧桐

别名：三球悬铃木
科属名：悬铃木科悬铃木属
学名：*Platanus orientalis*

形态特征

落叶乔木，高 20~30m。树冠阔钟形，干皮灰褐色至灰白色，呈薄片状剥落。幼枝、幼叶密生褐色星状毛。叶掌状 5~7 裂，深裂达中部，裂片长大于宽，叶基阔楔形或截形，叶缘有牙齿，掌状脉；托叶圆领状。雌雄同株，花序头状，黄绿色。多数坚果聚合成球形，3~6 球成一串；宿存花柱长，呈刺毛状；果柄长而下垂。花期 4~5 月，果 9~10 月成熟。国内有一球悬铃木（英国悬铃木）、二球悬铃木（北美悬铃木）和三球悬铃木（法国梧桐）3 个种，在应用中一般不作严格区分。

适应地区

中国引种栽培，多在长江流域一带应用栽培。

生物特性

对城市环境适应性特别强，具有超强的吸收有害气体、抵抗烟尘、隔离噪声能力，耐干旱，生长迅速。能适应城市街道透气性差的环境条件，对土壤要求不严，以湿润、肥沃的微酸性或中性壤土生长最盛，微碱性或石灰性土上也能生长，但易发生黄叶病，短期水淹后能恢复生长。萌芽力强，耐修剪。

繁殖栽培

以扦插繁殖为主，播种次之。扦插于2月进行，结合冬季修枝时选粗壮的一年生枝，剪成长15~20cm的插穗。扦插株行距20cm×30cm，5 月中旬定芽，留一个强壮挺直芽条培育主干，其他剪除。萌芽性强，很耐修剪，冬季整形修剪对法国梧桐的生长及树形有重要影响。在已决定今后培养方向的基础上，先剪直立枝、下垂枝，再剪病虫枝、交叉枝、细弱枝、内向枝以及影响交通设施的枝条，最后留 3~4 个强壮主枝。对于已成形的法国梧桐，每年冬季也应对其进行全面的修剪，注意培养主枝优势。

法国梧桐景观

景观特征

树冠广展，枝干疏密有致，侧枝多而匀称，叶大阴浓，树皮斑驳可爱，适应性强，耐修剪整形。

园林应用

为优良的行道树种，广泛应用于城市绿化，在园林中孤植于草坪或旷地，列植于甬道两旁，尤为雄伟壮观，又因其对多种有毒气体抗性较强，并能吸收有害气体，作街道、厂矿绿化颇为合适。其干枯果子的毛絮被风吹散落，粘在人身上极易使人过敏，出现打喷嚏、眼睛红肿、嗓子肿痛等症状，故运动场、幼儿园等处不宜种植。

法国梧桐的果

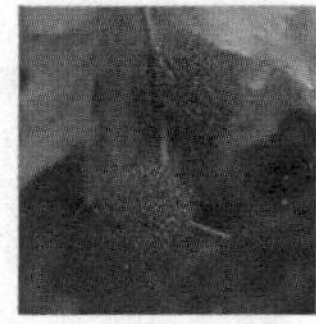

法国梧桐景观

法国梧桐景观

法国梧桐景观

法国梧桐景观

法国梧桐景观

* 园林造景功能相近的植物 *

中文名	学名	形态特征	园林应用	适应地区
北美悬铃木	*Platanus occidentalis*	落叶乔木。叶裂片为宽三角形，缺刻浅，叶较大。聚合果单生	同法国梧桐	同法国梧桐
英国悬铃木	*P. acerifolia*	落叶乔木。是北美悬铃木和法国梧桐的杂交种。聚合果多为 2 个	同法国梧桐	同法国梧桐

美丽吉贝

别名：美丽异木棉、美人树
科属名：木棉科异木棉属
学名：*Ceiba speciosa*

美丽吉贝花特写 ▷

形态特征

落叶大乔木，高 10~15m。树干下部膨大，幼树树皮浓绿色，密生圆锥状皮刺，侧枝放射状水平伸展或斜向伸展。掌状复叶有小叶 5~9 片，小叶椭圆形，长 12~14cm，软革质，叶色青翠。花单生于叶腋或略呈总状花序，花冠淡紫红色，中心白色；花瓣 5 枚，反卷，花丝合生成雄蕊管，包围花柱。花期 10 月前后至年底，花大而多，满树盛放，鲜艳夺目，秀色诱人，故称"美人树"。蒴果椭圆形。5 月成熟。种子近球形，褐色。

适应地区

热带地区多有栽植，我国广东、海南、云南有引种。

生物特性

喜光而稍耐阴，喜高温、多湿气候，不耐干旱。对土壤适应性强，需排水良好，喜土层深厚的肥沃壤土或砂质壤土。抗风、萌芽力强。冬季休眠，翌年 2 月抽出新芽。

美丽吉贝叶特写

美丽吉贝花枝

繁殖栽培

一般采用播种繁殖。在广州，它的种子成熟是在3~4月，宜随采随播，发芽率可达90%，随着时间的推移，发芽率会降低。由于美丽吉贝种子较大，可以采用点播的方法，点播密度为 500 粒每平方米。美丽吉贝是速生树种，而且树冠伸展，株行距至少要达到 2m × 2m 的规格。怕积水，生长旺季为 3~9 月，水分补给要充足。生长良好的美丽吉贝，胸径在一年内可以增大 3~4cm，而且叶色光亮，病虫害少。

景观特征

树冠伞形，树干挺拔，树皮绿色光滑，成年树下部膨大呈酒瓶状，幼树密生圆锥皮刺；侧枝轮生，呈放射状水平伸展或斜举；花色绚丽，花朵大而繁密，盛花满树缤纷，十分壮观。

园林应用

美丽吉贝是优良的观花乔木，树形亭亭玉立。在广州，它的花期一般为 10~12 月，盛开时花多叶少，满树缤纷，树冠整齐，飘逸飒爽。它不仅适用于庭院绿阴美化，也可作为高级行道树。

* 园林造景功能相近的植物 *

中文名	学名	形态特征	园林应用	适应地区
水瓜栗	*Pachira aquatica*	落叶乔木。耐寒性强于瓜栗，水瓜栗叶形美丽，浓绿而硕大的掌状复叶构成层托状的美丽树冠	理想的行道树和庭园树	我国华南地区适应
木棉	*Bombax ceiba*	落叶乔木。树皮深灰色，幼树干与老树粗枝均有短而粗大的圆锥形硬刺，以基部为多。枝轮生而平展，掌状复叶，小叶多为5~7片。花冠红色或橙红色，花瓣5枚	同美丽吉贝	我国南部地区
吉贝	*Ceiba pentandra*	落叶乔木。花白色或玫瑰红色，单生或为腋生的花束；花萼不规则的5裂；花被外面密被白色茸毛	树体高大，树形优美，是优良的观赏树种	华南地区
南美吉贝	*Ceiba insignis*	落叶乔木。掌状复叶，小叶5~7片。花单生于叶腋或略呈总状花序，具有2~5枚不规则筒状萼片，花冠喇叭形，花瓣5枚，乳黄至乳白色	同美丽吉贝	同美丽吉贝

美丽吉贝景观

美丽吉贝景观

木棉景观

美丽吉贝景观

梧桐

别名：青桐
科属名：梧桐科梧桐属
学名：*Firmiana simplex*

梧桐枝叶 ▷

形态特征

落叶大乔木，高达 15m。树干挺直，树皮绿色，平滑。叶 3~5 掌状分裂，通常直径 15~30cm，裂片三角形，顶端渐尖，全缘，5 出脉，背面有细茸毛；叶柄长 8~30cm。花小，黄绿色；花瓣缺；基部有退化雄蕊。蓇葖果 5 个，纸质，叶状，有毛。种子形如豌豆，成熟时棕色，有皱纹。花期 7 月，果熟期 11 月。我国产两种梧桐，另一种是云南梧桐（*Firmiana major*），云南梧桐树皮粗糙，呈灰黑色，叶缘一般 3 裂。

梧桐景

适应地区

原产于我国，华北中部至华南、西南等地广为栽培，长江流域尤多。

生物特性

喜光，生长快。喜温暖气候，耐寒性不强，在北京小气候条件较好时可安全越冬，且长势良好。肉质根，具深根性，适生于深厚、肥沃、排水良好的酸性至中性及钙质土。怕涝，不耐积水。生长较快，寿命长。对二氧化硫、氯气等有毒气体有较强的抗性。

梧桐果枝

繁殖栽培

常用播种法繁殖，扦插、分根也可。秋季果熟时采收，晒干脱粒后当年秋播，也可沙藏至翌年春播。沙藏种子发芽较整齐，播后 4~5 周发芽。正常管理下，当年生苗高可达 50cm 以上，翌年分栽培养。栽植地点宜选地势高、干燥处。穴内施入基肥，定干后，用蜡封好锯口。梧桐栽培容易，一般在春季栽植，易成活，管理简单。萌芽力弱，一般不宜修剪。

景观特征

高大魁梧，树干无节，向上直升，高擎着翡翠般的碧绿巨伞，绿阴浓浓，因梧桐引凤的传说而具有传奇色彩。

园林应用

民间传说凤凰喜欢栖息在梧桐树上，李白也有“宁知鸾凤意，远托椅桐前”的诗句。常用于草坪、庭院、宅前、坡地孤植或丛植，也种植做行道树。因其对二氧化硫和氟化氢有较强的抗性，是布置庭园和工厂绿化的良好树种。

喜树

别名：旱莲、水栗、水桐树、天梓树
科属名：珙桐科喜树属
学名：*Camptotheca acuminata*

喜树果枝 ▷

形态特征

落叶大乔木，高 20~25m。树皮灰色。叶互生，长卵形，长 7~18cm，顶端尖，基部宽楔形，全缘或呈波状，边缘有纤毛，表面亮绿色，背面淡绿色，侧脉 10~11 对；叶柄红色，有稀毛。花小，单性同株，多数排成球形头状花序；雌花顶生，雄花腋生；花瓣 5 枚，淡绿色，外面密生短柔毛。果实狭长圆形，成熟后为褐色。花期 5~7 月，果期 8~10 月。

适应地区

我国四川、安徽、江苏、河南、江西、福建、湖北、湖南、云南、贵州、广西、广东等长江以南各省区及部分长江以北地区均有分布和栽培，垂直分布在海拔 1000m 以下处。

生物特性

暖地速生树种，喜光，不耐严寒、干燥。需土层深厚、湿润而肥沃的土壤，在干旱、瘠薄地种植，生长瘦长，发育不良。深根性，萌芽率强。在酸性、中性、微碱性土壤均能生长，在石灰岩风化土及冲积土生长良好。较耐水湿，在河边堤埂、地下水位较高的地方生长良好。

繁殖栽培

用种子繁殖。种子熟后应在 2 周内及时采集以免散落，阴干后可干藏或混沙贮藏。春播后，当年苗高可达 1m 左右。大面积绿化时可用截干栽根法。在风景区中可与栾树、榆树、臭椿、水杉等行混植。定植后的管理主要是培养通直的主干，于春季注意抹除侧芽。喜树叶片又多又大，且为纸质，容易腐烂。

喜树景观

每年秋冬，喜树林下总有厚厚的一层落叶，很快腐烂，形成腐殖质，对改良土壤十分有益，所以喜树林总是越长越好。

景观特征

春初发叶，嫩叶红色。6 月开花，为淡红色或白色，清雅可爱。果序球形头状，也觉奇特美观。树干通直圆满，树皮微裂或平滑，呈灰白，枝条平向外展，树冠倒卵形，姿态端直雄伟，为我国阔叶树中的珍品之一。

园林应用

喜树树干高耸笔直，树冠宽展，叶阴浓郁，生长较速，一般都选为“四旁”绿化树种。由于较耐水湿的特性，近来滨湖区、平原区在农田防护林的营造中有较大面积的发展。适用于公园、庭院做绿阴树，街坊、公路用做行道树和农田防护林等。

三角槭

别名：三角枫、丫枫、鸡枫
科属名：槭树科槭属
学名：*Acer buergerianum*

形态特征

落叶乔木，高5~20m。树皮褐色或深褐色。小枝纤细，幼枝密被淡黄色或灰色茸毛，老枝灰褐色；冬芽小，鳞片腹面被长柔毛。叶纸质，椭圆形或倒卵形，长与宽均5~6mm，基部近圆形或楔形，通常3浅裂；裂片向前延伸，中央裂片三角状卵形，侧裂片短钝尖或甚小，裂片边缘常全缘，叶面深绿色，背面黄绿色，初生脉3条；叶柄纤细，被白粉。花多数，常组成顶生的伞房花序，序轴被短柔毛；萼片5枚，卵形；花瓣5枚，狭披针形或匙状披针形。小坚果球形，翅黄褐色，中部最宽，张开成钝角。花期4月，果期9月。

适应地区

分布于我国长江流域各省区，北达山东，南至广东。

生物特性

暖温带树种。喜光，稍耐阴。常生于土层深厚、湿润且肥沃的低山坡谷。对土壤要求不严，酸性、中性、石灰性土均能适应。稍耐水湿，萌芽力强，耐修剪整形。

三角槭景观

三角槭景观

繁殖栽培

常用播种育苗，9月采种，去翅。秋播或湿沙层积，也可在播种前2周浸种催芽。根系发达，萌芽力强，可以裸根分栽。喜光照充足，因此应在向阳处栽培。三角槭生长迅速，需肥量大，在春夏生长旺季，可每半个月施一次稀薄饼肥，并适当补充磷、钾肥，以使秋叶艳丽。8月上旬前后，分几次摘去老叶，可使三角槭叶片变小，秋叶变红。

景观特征

树形开张，枝条稀疏细长，给人一种流畅飘逸之美，尤其在深秋，彩叶点缀，微风吹来，彩叶就会似蝴蝶翩翩起舞，带来无限美感。果实为翅果，两片鲜绿、金黄或橙色的翅翼垂吊枝头，腾然如燕。美如红霞的彩叶更是其观赏的重点，以“形色并貌”著称。

园林应用

三角槭姿色优美，叶形秀丽，无论栽植何处，无不引人入胜。最适宜配置在苍松、翠柏间，在溪边、池畔点缀一二，红叶摇曳，深有自然淡雅之趣，是园林绿化配置风景的重要树种之一。

三角槭果枝 ▷

三角槭景观

三角槭景观

✲ 园林造景功能相近的植物 ✲

中文名	学名	形态特征	园林应用	适应地区
青槭	*Acer serrulatum*	叶对生，掌状 5 裂，叶缘具细齿，叶基截形，裂片呈三角形	适合做高级庭院树或行道树	亚热带地区

泡桐

别名：白花生米泡桐
科属名：玄参科泡桐属
学名：*Paulownia fortunei*

形态特征

落叶乔木，高达25m。幼时平滑，老时纵裂。树冠圆锥形，主干直，多皮孔。单叶，对生，卵形，全缘或有浅裂；具长柄，柄上有茸毛。花大，淡紫色或白色，顶生圆锥花序，由多数聚伞花序复合而成；花萼钟状或盘状，肥厚，5 深裂，裂片不等大；花冠钟形或漏斗形，上唇 2 裂、反卷，下唇 3 裂，直伸或微卷；雄蕊 4 枚，2 长 2 短，着生于花冠筒基部；雌蕊 1 枚，花柱细长。蒴果卵形或椭圆形，熟后背缝开裂。种子多数为长圆形，小而轻，两侧具有条纹的翅。花期 3~4 月，果期 9~10 月。

泡桐景

适应地区

在我国分布广泛，北至辽宁，南至广东均有分布。

生物特性

对热量要求较高，对干旱的适应能力较强，但因种类不同而有一定差异。对土壤肥力、土层厚度和疏松程度也有较高要求。怕水淹，在黏重的土壤上生长不良，土壤 pH 值以 6~7.5 为好。生长迅速，7~8 年即可成材。在北方地区，兰考泡桐生长最快，楸叶泡桐次之，毛泡桐生长较慢。对二氧化硫、氯气等有毒气体有较强的抗性。

繁殖栽培

育苗方法有插根、播种、留根等，以插根育苗最普遍。苗地应选用排灌方便、土壤通气良好、地下水位在 1.5~2m 以下的沙壤土和

＊园林造景功能相近的植物＊

中文名	学名	形态特征	园林应用	适应地区
兰考泡桐	*Paulownia elongata*	花序有明显总梗，花冠紫至粉白色，筒内散布紫斑。果卵状	同泡桐	我国河南、山西、陕西等
楸叶泡桐	*P. catalpifolia*	花序有明显总梗，花冠淡紫色，筒内密布紫斑。果纺锤形	同泡桐	分布于我国山东、河南、河北、山西、陕西等
毛泡桐	*P. tomentosa*	花序有明显总梗，花萼裂过半，花冠淡紫蓝色，筒内有黄条纹和线状紫斑。果卵状	同泡桐	我国东部、中部及西南部都有分布
南方泡桐	*P. australis*	花序有总梗，花萼浅裂 1/3~2/5，花冠紫色。果椭圆形	同泡桐	我国东南部

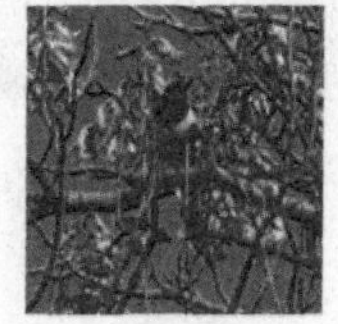

泡桐花枝

楸叶泡桐景观

泡桐景观

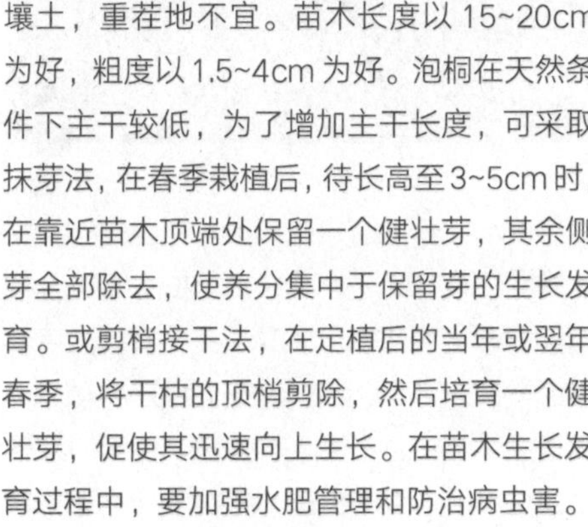

壤土，重茬地不宜。苗木长度以15~20cm为好，粗度以1.5~4cm为好。泡桐在天然条件下主干较低，为了增加主干长度，可采取抹芽法，在春季栽植后，待长高至3~5cm时，在靠近苗木顶端处保留一个健壮芽，其余侧芽全部除去，使养分集中于保留芽的生长发育。或剪梢接干法，在定植后的当年或翌年春季，将干枯的顶梢剪除，然后培育一个健壮芽，促使其迅速向上生长。在苗木生长发育过程中，要加强水肥管理和防治病虫害。

景观特征

树冠圆形，花开时，自远望去，疑似白云。树姿优美，花色美丽鲜艳，生长迅速，叶阔阴浓。

园林应用

有较强的净化空气和抗大气污染的能力，是城市和工矿区绿化的良好树种，适用于庭院、公园、广场及街道做绿阴树。主干通直，冠大阴浓，孤植、群植均可，如做行道树或成片造景，也颇具特色。

楸叶泡桐花序

毛叶泡桐花果

毛叶泡桐树皮

复羽叶栾树

别名：灯笼树、摇钱树
科属名：无患子科栾树属
学名：*Koelreuteria bipinnata*

形态特征

落叶乔木，高10~20m。树皮灰褐色，细纵裂。树冠伞形。2回羽状复叶，长60~70cm；羽片4~5片，每羽片有小叶9~15片，小叶厚革质，长椭圆状卵形，长4~7cm，边缘有锯齿。圆锥形花序顶生，黄花，花瓣基部有红色斑，杂性。蒴果，果皮薄膜质，三角状卵形，成熟时橘红色或红褐色。种子圆球形，黑色有光泽。花期8~9月，果期10~11月。

适应地区

分布于我国西南部和中南部，是产于广东、广西北部的乡土树种。

生物特性

阳性树种，喜光，耐寒，适应性强。不择土壤，耐干旱、瘠薄，也能耐盐渍及短期涝害，对土壤要求不苛，在土层疏松处生长迅速。深根性，萌蘖力强。具较强的抗烟尘能力，抗大气污染。

繁殖栽培

以播种繁殖为主，分蘖、根插也可。秋季果熟时采收，及时晾晒去壳净种。因种皮坚硬不易透水，如不经处理，第二年春播常不发芽或发芽率很低，故最好当年秋季播种，第二年春天发芽整齐。第二年春移植，发芽后要经常抹芽，只留最强壮的一芽培养成主干。生长期经常松土、锄草、浇水、追肥，至秋季就可养成通直的树干。当树干高度达到分枝点高度时，留主枝。

复羽叶栾树花序

复羽叶栾树花特写

复羽叶栾树果序

栾树果序 ▷

复羽叶栾树景观

景观特征

春季嫩叶多呈红色，夏叶羽状浓绿色，秋叶鲜黄色，国庆节前后其蒴果的膜质果皮膨大如小灯笼，鲜红色，成串挂在枝顶，在微风吹动下似铜铃哗哗作响，故又名“摇钱树”。

园林应用

有较强的抗烟尘能力，是城市绿化理想的观赏树种。树冠整齐，枝叶秀美，春季嫩叶红色，秋季叶片鲜黄，宜做庭阴树、风景树及行道树。

＊园林造景功能相近的植物＊

中文名	学名	形态特征	园林应用	适应地区
栾树	*Koelreuteria paniculata*	树冠近圆球形。奇数羽状复叶	同复羽叶栾树	原产于我国北部及中部
台湾栾树	*K. henryi*	2 回羽状复叶，小叶卵形，先端尖，有锯齿缘	同复羽叶栾树	我国台湾
全缘叶栾树	*K. integrifoliola*	小叶 7~11 片，薄革质，长椭圆形，长 4~10cm，宽 3~4.5cm，顶端渐尖，基部圆或宽楔形，全缘	同复羽叶栾树	我国浙江、安徽、江西、湖南、广西、广东等省区

栾树景观

栾树景观

栾树景观

钻天杨

别名：美杨、美国白杨
科属名：杨柳科杨属
学名：*Populus nigra* var. *italica*

钻天杨叶片 ▷

形态特征

落叶乔木，高 30m。树皮暗灰色，老时纵裂，黑褐色。树冠圆柱形。小枝圆柱形，黄褐色；芽长卵形，先端长渐尖。长枝叶扁三角形，通常宽大于长，先端短渐尖，基部截形或阔楔形，边缘有钝圆锯齿；短枝叶菱状三角形，或菱状卵圆形；叶柄上部微扁，顶端无腺体。雄花序长 4~8cm，花序轴光滑无毛；每朵花有雄蕊 15~30 枚。花期 4 月，多为雄株。

钻天杨景观

适应地区

我国自哈尔滨以南至长江流域各地栽培，西北、华北地区最适生长。

生物特性

阳性树种，喜光，耐寒，耐干冷气候，湿热气候则多病虫害。稍耐盐碱，忌低洼积水及土壤干燥、黏重。生长快，寿命不长。

新疆杨景观

繁殖栽培

扦插繁殖。扦插育苗春、秋季均可，但春季宜早，秋季则随采随插。栽植后，一般最少浇 3 次水，并要浇透。发芽后，有条件的一两天喷一次水，天气干旱及时观察喷药。抗病虫害能力较差，多遭受蛀干害虫，易遭风折，故应注意防治。

景观特征

树冠圆柱状，树形高耸挺拔，姿态优美。

园林应用

可做行道树、庭阴树、护堤树，丛植、列植于草坪、广场、学校、医院等地，还可营造防护林。

＊园林造景功能相近的植物＊

中文名	学名	形态特征	园林应用	适应地区
新疆杨	*Populus alba var.pyramidalis*	落叶乔木。树皮灰白色。枝条上伸	同钻天杨	西北、东北地区

榄仁树

科属名：使君子科榄仁树属
学名：*Terminalia catappa*

形态特征

落叶乔木，高达 20m。干直，枝平伸，树冠呈伞形，阴蔽面较大，老株的树根会形成板根。叶互生，叶大，常聚生于枝顶，具短柄；叶片倒卵形，先端钝，具突尖，基部狭心形，叶面光滑。穗状花序，腋生，花小，白色。雄花生于上部，雌花或两性花生于下部，苞片极小，核果纺锤形，形似橄榄子，故名为“榄仁树”。花期夏季，果期秋季。

适应地区

分布于我国西南部。

生物特性

核果的果皮为纤维质，能漂浮于水面上，借助水传播，抗风、抗污染及耐盐性强，为海岸原生树种。日照需良好，喜高温、多湿。树性强健，老树根部形成的板根为其特色。

繁殖栽培

以播种法来繁殖，春至夏季为适期。种子先泡温水软化，可提高发芽率。冬季落叶后，可修剪主干下部侧枝，促使主干长高。对于都市环境的适应力强，具抗污染及抗病虫害性，因此不需花太多的人力去整理，适宜作行道树栽植。

榄仁树景观

景观特征

树冠伞形，侧枝水平轮生，形成平顶伞状树冠，老树根生明显板根。叶大姿美，春天发出翠绿新芽，夏天生长茂密的叶片让人们避暑乘凉，秋冬季落叶前，叶变为黄色或紫红色，四季极富变化，非常美观。

园林应用

生长快速，对任何土壤均能适应，为目前极受欢迎的庭院树和行道树。

＊园林造景功能相近的植物＊

中文名	学名	形态特征	园林应用	适应地区
阿江榄仁	*Terminalia*	落叶乔木。树皮暗褐色，叶矩圆形，果有翅	同榄仁树	分布于我国广东、云南、广西
莫氏榄仁	*T. muelleri*	落叶乔木。树冠塔形。叶倒卵状椭圆形，长 8~10cm，冬季落叶前叶色变红，美观	同榄仁树	分布于我国西南部

榄仁树枝叶 ▷

莫氏榄仁景观

莫氏榄仁景观

莫氏榄仁秋叶

阿江榄仁景观

阿江榄仁

小叶榄仁树

科属名：使君子科榄仁树属

学名：*Terminalia mantaley*

形态特征

落叶乔木，高约 10m。主干通直，细长，分枝极多，侧枝水平轮生，枝条细密，枝丫自然分层轮生于主干四周，形成平顶伞状树冠。叶片小，细密且单薄，小叶簇生在枝端，叶朝上举，层层分明，有序向四面开展，极为优雅美观；叶丛生于枝梢，倒卵形，基部圆形微凹，叶尖渐尖，全缘或微波缘，革质，叶背可发现数枚腺体。花小型，核果扁椭圆形。花期夏季，果期秋季。品种有锦叶榄仁（cv. Tricolor），叶上有彩色斑块。

适应地区

分布于亚热带地区。

小叶榄仁树干及分枝特写

锦叶榄仁景观

锦叶榄仁枝叶 ▷

小叶榄仁树景观

小叶榄仁树景观

生物特性

阳性植物，生性强健，生长慢。日照需充足，喜高温、多湿，生长适温为23~32℃。抗风、抗污染及耐盐性强，为海岸原生树种。

繁殖栽培

通常用种子繁殖。种子外壳坚硬，先泡温水软化，可提高发芽率。冬季落叶后，可修剪主干下部侧枝，促使主干长高。适合种在开阔而土层深厚的地方，除了最初在植穴里放些腐叶、鸡粪当基肥之外，几乎可以不用再施肥。

景观特征

小叶榄仁树主干浑圆挺直，分枝水平伸展，轮生于主干四周。春季新芽翠绿，秋、冬季落叶前转变为黄色或紫红色。冬天落叶后展现细致、优雅的枝条，翌年春季的嫩芽萌发，十分美丽可观。

园林应用

其特色即枝条轮生于主干上，层层分明，有序向四面开展，酷似经过人工修剪整形，极为优雅美观，常作为景观树和行道树。

园林造景功能相近的植物

中文名	学名	形态特征	园林应用	适应地区
菲律宾榄仁树	*Terminalia calamansanal*	落叶乔木。叶片成椭圆形，叶片大小介于榄仁树、小榄仁树之间，先端圆钝或有小突尖。腋生穗状花序	同小叶榄仁树	热带及亚热带地区

大花紫薇

别名：大叶紫薇
科属名：千屈菜科紫薇属
学名：*Lagerstroemia speciosa*

形态特征

落叶乔木，高 5~10m。茎直立，易断裂，树皮褐黑色，树冠茂密，半球形。叶大，单叶对生，革质，矩状椭圆形或卵状椭圆形，长 10~25cm，宽 6~10cm，先端钝或短渐尖，叶端突出处常呈红色，叶翠绿色，冬春间换叶，落叶前叶色转为黄或橙红色，叶色富于变化。圆锥花序顶生，花期 6~8 月，花紫色，花大有柄，花朵直径 5~7cm，6 枚淡紫红色的花瓣衬托金黄色的花蕊，5~10 朵花簇生于总花梗顶端，花色由粉红变紫红，非常美丽。蒴果圆球形，成熟为暗褐色，自裂成 6 片。

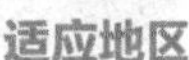

适应地区

我国华南地区有引种栽培。

生物特性

生性强健，能耐旱、耐寒，只要在温暖、有足够阳光和略有湿气的地方，便可良好成长。有一定的抗寒力和抗旱力，喜生于石灰质土壤中。冬季落叶前，叶色会变黄、变红。

大花紫薇果序

大花紫薇景观

繁殖栽培

用播种、扦插、分蘖等方法繁殖。一般采用春播，实生苗当年便可开花，新枝、老枝甚至老干均能扦插成活，成活率可达 90%~95%。春季施基肥，5~6 月施追肥。要重剪，以促进萌发粗壮而较长的枝条，从而达到满树繁花的效果。在多湿的气候条件下易染煤污病和白粉病。

景观特征

炎夏群花凋谢，独紫薇繁花竞放，花期长久，其 6 枚淡紫红色且具长柄的花瓣衬托着金黄色的花蕊，极为富丽耀眼。冬季落叶之前，叶色会变黄、变红，形成另一种景观。大花紫薇的蒴果甚大，乍看似大串龙眼高挂树上，与叶片老化后的红褐色共同映照在蓝天白云间，别有一番景致。

园林应用

可在各类园林绿地中种植，适用性强，常做庭阴树、园景树、行道树。

大花紫薇花序

✲ 园林造景功能相近的植物 ✲

中文名	学名	形态特征	园林应用	适应地区
紫薇	*Lagerstroemia indica*	落叶乔木。小枝四棱形。单叶对生或近对生，椭圆形至倒卵形。花色多，花径 2.5~3cm	做行道树或庭园造景	全国各地

大花紫薇枝叶

紫薇花序

紫薇景观

毛白杨

科属名：**杨柳科杨属**
学名：*Populus tomentosa*

形态特征

落叶乔木，高达 30m。树干直而明显。树冠圆锥形或卵圆形。幼树皮灰白色，老时褐色，纵裂。小枝圆筒形，灰褐色，幼时被白色茸毛，后渐脱落。长枝上的叶三角状卵形，先端渐尖；基部叶稍心形，有 2 枚腺体，上面绿色，下面被茸毛；短枝上的叶较小，卵状三角形，叶缘具波状齿，背面光滑，叶柄侧扁。雄花序下垂柔软，苞片三角状卵形，先端撕裂，密生茸毛；雌花的子房椭圆形，柱头 2 裂，扁平。蒴果长卵形。花期 3~4 月，果期 4~5 月。

适应地区

毛白杨是我国特有的优质乡土树种，分布面积广，主要分布在我国华北地区、东北和西北的部分地区，集中分布在黄河中下游地区。

毛白杨景观

毛白杨景

生物特性

喜光，要求凉爽和较湿润的气候。对土壤要求不严，在酸性至碱性土上均能生长，在深厚、肥沃、湿润的土壤上生长最好，但在特别干瘠或低洼积水处生长不良。生长迅速，耐寒，抗烟尘和抗污染能力强。

繁殖栽培

繁殖栽培主要采用埋条、扦插、嫁接、留根、分株等方法。快速繁育毛白杨一般采用嫩枝扦插，选取当年生、半木质化的枝条，在夏季进行扦插。苗床要定期喷水，一般 10 天左右开始生根。毛白杨为雌雄异株，其雌株春季开花时，白色茸毛状花絮一朵朵、一团团漫天飞舞，到处撒落，污染空气，给人们的工作、生活及身心健康带来不利影响。因此，在城乡绿化中雌性毛白杨逐步被淘汰，应选择雄性毛白杨栽植。

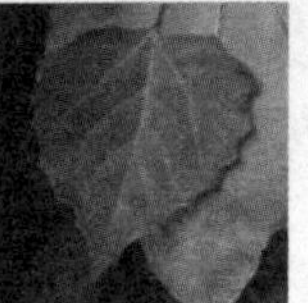
毛白杨叶片 ▷

✲ 园林造景功能相近的植物 ✲

中文名	学名	形态特征	园林应用	适应地区
银白杨	*Populus alba*	落叶乔木。树皮灰白色。幼枝、幼叶密被白茸毛。长枝叶掌状 3~5 浅裂，短枝叶椭圆形	同毛白杨	同毛白杨

景观特征

树干端直、圆满，树皮光滑、呈绿色，适应性强，生长迅速，广泛分布在我国北方和西部地区，是城乡绿化、防风固沙、绿色通道工程和速生丰产建设的首选树种之一。其树干灰白，树形高大广阔，颇具雄伟气概，大片而深绿色的叶片在微风吹拂时能发出欢快的响声，给人以豪爽之感。

园林应用

在园林绿地中很适宜做行道树及庭阴树，若孤植或丛植于旷地及草坪上，更能显出其特有的风姿。在广场、干道两侧规则式种植则气势严整壮观。毛白杨也是工厂绿化、“四旁”绿化及防护林、用材林的重要树种。

银白杨枝叶

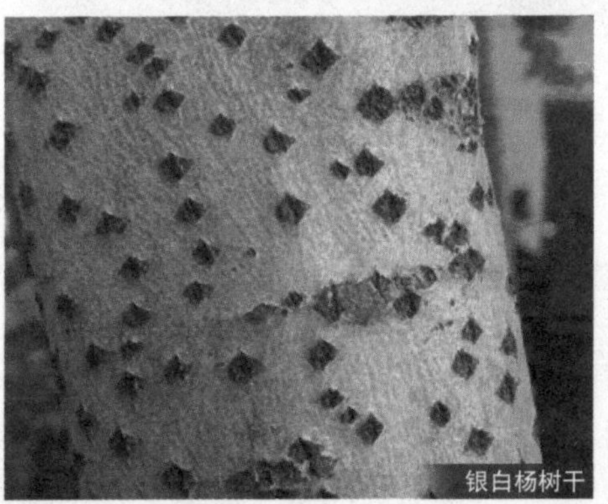
银白杨树干

银白杨景观

加杨

别名：加拿大杨
科属名：杨柳科杨属
学名：*Populus canadensis*

形态特征

落叶乔木，高达 30m。树皮灰绿色，老时灰褐色，有沟裂。小枝淡灰褐色，无毛。叶三角状卵圆形，先端渐尖，基部截形或微心形，边缘具圆钝齿，上面无毛，下面沿脉稍被柔毛；叶柄侧扁，顶端具 2 枚腺体。雄花序轴无毛，苞片淡绿褐色，具不整齐的丝状条裂，花盘全缘，淡黄绿色，雄蕊 15~25 枚；雌花序具花 45~50 朵，柱头 4 裂。蒴果卵圆形，无毛，2~4 瓣裂。花期 4 月，果期 5 月。加杨是美洲黑杨（*P. deloides Marsh*）与欧洲黑杨（*P. nigra* L.）的杂交种，杂种优势明显，有许多栽培品种，广植于欧、亚、美各洲。

加杨景观

适应地区

我国以东北、华北地区及长江流域栽植较多。

生物特性

生长快。喜光，耐寒，也适应暖热气候。喜肥沃、湿润的壤土、砂壤土，对水涝、盐碱和薄土地均有一定耐性。萌芽力、萌蘖性均较强，寿命较短。对有害气体有一定抗性，对二氧化硫抗性强，对氯气和氟化氢抗性较差。

加杨枝叶

繁殖栽培

扦插育苗成活率高，可裸根移植。苗期应注意及时摘除侧芽，保护顶芽的高生长。加杨靠杨絮传播种子，果开裂后杨絮就四处飞扬，大街上杨絮到处散播会造成环境污染，因此，行道树应种雄株，不应种雌株。

景观特征

加杨树体高大，树冠宽阔，叶片大而具有光泽，夏季绿阴浓密。

加杨果枝

＊园林造景功能相近的植物＊

中文名	学名	形态特征	园林应用	适应地区
响叶杨	*Populus adenopoda*	树皮有深沟。小枝光滑，褐色。叶三角形，先端渐尖，边缘为粗锯齿	同加杨	北方地区常见栽培
意大利杨	*P. euramevicana*	小枝绿色。尖蒲叶三角形，先端短尖，边缘具锯齿	同加杨	长江流域

园林应用

宜做行道树、庭阴树、公路树及营造防护林等，孤植、列植都适宜，同时也是工矿区绿化及“四旁”绿化的好树种。由于它具有适应性强、生长快等特点，已成为我国华北及江淮平原最常见的绿化树种之一。

响叶杨景观

响叶杨景观

响叶杨景观

加杨树干

响叶杨景观

意大利杨景观

意大利杨景

蓝花楹

科属名：紫葳科蓝花楹属

学名：*Jacaranda mimosifolia*

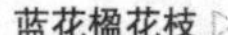

蓝花楹花枝 ▷

形态特征

落叶大乔木，高达15m。叶对生，2回羽状复叶有羽片10多对，每一羽片又有16~24对小叶；小叶细小，椭圆状披针形，顶端的1片明显大于其他小叶。初春落叶，春及夏初开花后再发新叶。顶生或腋生的圆锥花序，花极繁多，深蓝色或紫色，布满枝头，极为壮观。每年春末夏初和秋季两次开花，花期长一个余月，边开边落。花冠蓝色，漏斗状。蒴果木质，扁圆形。

蓝花楹景观

适应地区

我国华南地区多有栽培。

生物特性

原产于热带地区，喜温暖、湿润、阳光充足的环境，不耐霜雪。生长适温为22~30℃。耐干旱，抗风，对土壤要求不苛，在土层疏松且排水良好的土壤中生长迅速。

繁殖栽培

用种子、扦插和组织培养等方法进行繁殖。其蒴果成熟期为11月至翌年3月，在气温20℃左右时播种，种子发芽率低。扦插繁殖在春、秋两季均可进行，选择中熟枝条做插穗，发根率高。组织培养也较易。喜肥沃、湿润的沙壤土或壤土，定植时要施足基肥，成活后春、秋两季各需追肥一次，每年早春进行一次修剪整枝，老化的植株需施以重剪。蓝花楹的病害较少，虫害主要有天牛。

蓝花楹株形

景观特征

当“人间四月芳菲尽”时，蓝花楹却像“山寺桃花始盛开”，一团团、一簇簇紫蓝色的花铺天盖地，每个树枝、整个树冠全被染成了紫蓝色，微风一吹，花瓣铺满一地，就像一幅泼墨风景画，让人震撼，这样的景色一直会持续到六月份才会结束。

园林应用

树形优美，花色幽蓝，先叶而发，为南方少见，是著名的园林风景树和行道树。

白蜡树

别名：青榔木、白荆树
科属名：木犀科白蜡树属
学名：*Fraxinus chinensis*

形态特征

落叶乔木，高 5~8m。小枝圆柱形，灰褐色。复叶长 12~28cm，叶轴节上疏被微柔毛；小叶 5~9 片，革质，椭圆形或椭圆状卵形，先端渐尖，基部楔形，边缘有锯齿或波状浅齿，叶面黄绿色，背面白绿色，沿中脉及侧脉被短柔毛。圆锥花序顶生和侧生，疏散，无毛。翅果倒披针形，顶端圆或微凹。花期 5~6 月，果期 7~10 月。

白蜡树景观

适应地区

北自我国东北中南部，经黄河流域、长江流域，南达广东、广西，东南至福建，西至甘肃均有分布。

白蜡树秋季黄叶景观

生物特性

喜光，稍耐阴。喜温暖、湿润气候，颇耐寒。喜湿，耐涝，也耐干旱。对土壤要求不严，碱性、中性、酸性土壤上均能生长，抗烟尘，对二氧化硫、氯气、氟化氢有较强抗性。萌芽、萌蘖力均强，耐修剪，生长较快，寿命较长，可达 200 年以上。

繁殖栽培

翅果 10 月成熟，剪取果枝，晒干去翅后即可秋播，或混干沙贮藏，翌年 3 月春播。播前用温水浸泡 24 小时，也可混以湿沙室内催芽。新枝条萌发性强且耐修剪，可修剪特定形状。春季移栽为好，幼苗移后生长缓慢，定植后应注意管护。初期修枝不宜过高，以免徒长，上重下轻，易遭风折或使主干弯曲。栽植胸径 10cm 以上的大苗，应带土球，球径 40~45cm，栽后浇透水。

景观特征

该树种形体端正，树干通直，枝叶繁茂而鲜绿，秋叶橙黄。

白蜡树果枝

＊园林造景功能相近的植物＊

中文名	学名	形态特征	园林应用	适应地区
大叶白蜡树	*Fraxinus rhynchophylla*	落叶乔木。叶片较大，阔卵形或卵圆形，先端尾尖或少有钝圆，具钝粗锯齿。花轴节上常有淡褐色短柔毛	同白蜡树	分布于我国东北地区和内蒙古、河北、河南
美国白蜡树	*F. americana*	落叶乔木。雌雄异株，圆锥花序生于去年无叶的侧枝上，无毛。翅果	同白蜡树	我国多引种为行道树
小叶白蜡	*F. bungeana*	落叶乔木，高 3~5m。小叶 5~7 片。圆锥花序顶生，花冠白色	同白蜡树	我国新疆

园林应用

因其根深、适应性广、耐修剪、抗性强，特别是耐盐碱和抗二氧化硫、氯气、氟化氢的特性，近年来被广泛应用于盐碱地区和化工企业的行道树栽植，也可用于湖岸绿化。其木材坚韧，耐水湿，供家具、农具、胶合板等用；枝条可编筐；树皮称“秦皮”，中医入药，用来清热。枝、叶放养白蜡虫，制取白蜡，是我国重要的经济树种之一。

白蜡树景观

梓树

别名：河楸、花楸
科属名：紫葳科梓属
学名：*Catalpa ovata*

形态特征

落叶乔木，高达 10m。树冠开展，树皮灰褐色、纵裂。小枝及叶柄具柔毛。叶对生或三叶轮生，广卵形或近圆形，长 10~30cm，宽 7~25cm，通常 3~5 浅裂，有毛。圆锥花序顶生，花萼绿色或紫色；花冠淡黄色，内面有 2 条黄色条纹及紫色斑纹。蒴果细长如豇豇豆，长 20~30cm，宽 5~9mm，幼时疏生长白毛；种子长椭圆形。花期 5 月，果期 8~9 月。

适应地区

分布于我国东北、华北地区及长江流域。

生物特性

喜光，幼苗耐阴。适应温凉气候，主要分布在暖温带地区，有一定的耐寒性，冬季可耐 -20℃低温。深根性，喜深厚、湿润、肥沃、疏松的中性土，在微酸性土及轻度盐碱土中也可生长。对氯气、二氧化硫及烟尘的抗性较强。

繁殖栽培

繁殖以播种为主，3 月进行。圃地宜选择在地势平坦、靠近水源、排水良好而土层深厚、肥沃、疏松、湿润及光照条件好的地方。移栽以早春发芽前为宜，大树移栽应带土球，要适度修剪。

梓树景观

景观特征

树体端正，冠幅开展，叶大阴浓，春夏黄花满树，秋冬荚果悬挂，花繁果茂，长条形成簇状的果实挂满树枝，观果期长达半年以上。

园林应用

速生树种，树姿优美，宜做行道树、庭阴树。它还有较强的消声、滞尘、抗大气污染能力，能抗二氧化硫、氯气、烟尘等，是良好的环保树种，可营建生态风景林。

＊园林造景功能相近的植物＊

中文名	学名	形态特征	园林应用	适应地区
楸树	*Catalpa bungei*	落叶乔木。单叶对生，三角状卵形。蒴果细长，如豆荚状	同梓树	同梓树
黄金树	*C. speciosa*	落叶乔木。单叶对生，卵形，基部心形，叶显黄色。蒴果细长，如豆荚状	同梓树	同梓树

梓树果枝 ▷

楸树花枝

楸树景观

楸树树皮

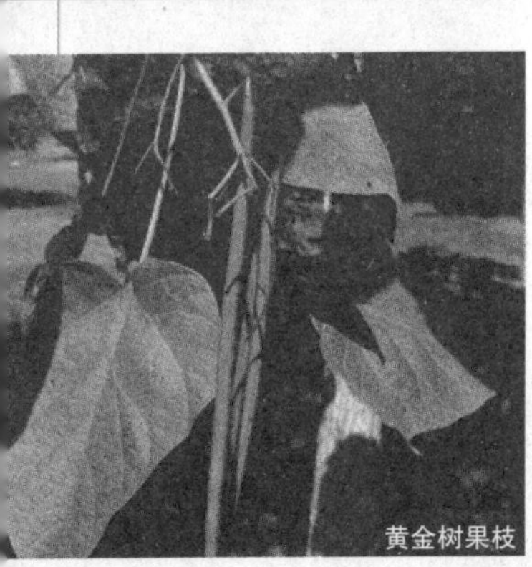
黄金树果枝

黄金树景观

第四章 棕榈型行道树造景

造景功能

棕榈型行道树特指植株树干不分枝、叶大型、叶集中着生于树干顶端的一类植物。该类植物外形奇特，景观特色突出，是营造热带景观的常用选材，代表类群包括棕榈科的乔木类型、苏铁类的大型种类、露兜类的高大种类等。

棕榈

别名：山棕
科属名：棕榈科棕榈属
学名：*Trachycarpus fortunei*

形态特征

乔木，高达15m。茎有残存、不易脱落的老叶柄基部。叶掌状深裂，直径50~70cm；裂片多数，条形，宽1.5~3cm，坚硬，顶端浅2裂，钝头，不下垂，有多数纤细的纵脉纹；叶柄细长，顶端有小戟突；叶鞘纤维质，网状，暗棕色，宿存。肉穗花序排成圆锥花序式，腋生，总苞多数，革质，被锈色茸毛；花小，黄白色，雌雄异株。核果肾状球形，直径约1cm，蓝黑色。花期5~6月，果期8~9月。品种有山棕榈（*T. martia-nus*），近似本种，唯叶鞘纤维极易脱落，故杆较光滑，果长椭圆形。

棕榈景观

适应地区

棕榈是其中少数可以分布到温带的棕榈科植物，在中国的分布遍及长江以南各个省区。

生物特性

棕榈为棕榈科中抗逆性最强的植物，栽培管理较易。对土壤的要求不高，喜肥沃、湿润、排水良好的土壤。耐旱，耐湿，稍耐盐碱，但在干燥沙土及低洼水湿处生长较差。对烟尘、二氧化硫、氟化氢等有毒气体的抗性较强。棕榈较耐寒冷，大树可耐 -8℃左右的低温。对光照要求也不严，在全光照下生长良好，也较耐阴，较长期生长室内仍可生机盎然。

棕榈景观

繁殖栽培

可采用播种繁殖。果实采收后净种，用草木灰水搓洗，去掉蜡质，再用60℃的温水浸泡一昼夜，即可播种，播后50~110天陆续发芽。幼苗出土后需行遮阴，生长较慢，一年生苗可长出2~3片叶。春季须带土球移栽，移时剪除叶片的1/2~2/3，以免烂心及蒸发

棕榈花序 ▷

水分，保证成活。根系浅，易被风吹倒，无主根，须根发达，忌深栽。

景观特征

棕榈树干挺拔，叶色葱茏，叶形如扇，清姿优雅，适于四季观赏。

园林应用

棕榈宜栽于庭院、行道及花坛之中，为抗毒气体（二氧化硫）较好的植物，是净化大气污染的树种。宜对植、列植于庭前路边和建筑物旁，或高低错落群植于池边与庭院，翠影婆娑，颇具热带风光。

棕榈景观

蒲葵

科属名：棕榈科蒲葵属
学名：*Livistona chinensis*

形态特征

常绿大乔木，高可达20m。树干通直，粗糙。叶丛生于干顶，叶甚大，呈掌状圆扇形，掌状分裂，裂片线形，向内折叠，每一叶片由近百条呈线形的裂片组成，中肋突出，裂片先端再二浅裂，向下悬垂；叶柄细长，两侧均具逆刺。春、夏开花，小花淡黄色，肉穗花序长而稀疏分歧，花被2轮，各为3片，花两性，雄蕊6枚。核果椭圆形，果熟由淡黄转黑褐色。果期9月至翌年春天。

适应地区

分布于我国东南部至西南部地区。

生物特性

喜光，又能耐阴，喜高温、多湿气候，能耐低温。土壤以肥沃、湿润的沙壤土至黏壤土或冲积土为佳，并能耐一定的水湿和咸潮。生长缓慢，寿命长，观赏期在8~40树龄。抗风力和抗大气污染的能力较强。

繁殖栽培

采用播种繁殖。采回果实不宜曝晒，应即时去皮、阴干，并作催芽处理后播种。幼苗期生长非常缓慢。当年只能长出1片叶片，从第二年5月开始追肥，以氮肥为主，再培养1~2年后开始定植。园林用成年树移栽，宜提前断根，以保障成活。

蒲葵景观

景观特征

单干耸直，叶大，浓密婆娑，树形美观，为优良的乡土树种，并具南国特色。树形粗放如伞盖，叶簇高雅，由于蒲葵叶大且分裂，远远望去恰似树梢挂满裂开的扇子，极为美观。

✲ 园林造景功能相近的植物 ✲

中文名	学名	形态特征	园林应用	适应地区
圆叶蒲葵	*Livistona rotunditolia*	常绿乔木。小苗时候叶片是半圆形的，十分精致漂亮，耐阴能力极强，经常作为室内植物使用	同蒲葵	同蒲葵
裂叶蒲葵	*L. decipiens*	常绿乔木。叶片分裂层至叶柄，成苗的叶端长而下垂	同蒲葵	同蒲葵
澳洲蒲葵	*L. australis*	常绿乔木。是澳大利亚野生、最广泛分布的原生品种	同蒲葵	同蒲葵
越南蒲葵	*L. merrillii*	常绿乔木。此品种的茎干长满棕毛，老叶长时依附在茎干上	同蒲葵	同蒲葵

蒲葵花叶 ▷

蒲葵景观

园林应用

树性强健，树姿纤细柔美，叶甚柔软，所以常用做庭院树或行道树，或盆栽作室内摆设。

蒲葵景观

皇后葵

别名：金山葵、女王椰子、克利巴椰子
科属名：棕榈科皇后葵属
学名：*Syagrus romanzoffianum*

皇后葵果序

形态特征

常绿乔木，高 8~15m。树冠伞形或伞状圆球形。茎干单生，通直；树皮灰褐色、平滑且具叶柄环痕。叶聚生于茎顶，羽状全裂；裂片线状披针形，于叶轴两侧密生而呈不规则排列伸出，稍弯垂。花序在初夏从叶腋抽出，分枝多，花淡黄色。核果呈干果状，卵球形。花期 4~5 月及 9~10 月，果实在当年或翌年成熟。

适应地区

我国华南地区和福建、台湾、云南等地有栽培。

生物特性

喜温暖、潮湿、阳光充足的环境，要求土层深厚、土质疏松、排水良好的土壤。生长适温为 22~28℃，耐碱，略耐干旱。

繁殖栽培

用种子繁殖。可将果实采收堆沤后，去净果肉，播于盆内或苗床上，覆盖 3~4cm 厚的细沙土，并保持基质湿润，经 4~6 个月即可发芽。耐粗放管理，但生长期间要定期补充肥料。少见病虫害。

景观特征

树干挺拔，叶簇生于茎顶，酷似皇后头上的冠饰而得名。暑期叶片披垂碧绿，随风招展，观赏效果极佳。

园林应用

热带地区栽培为行道树或庭院树，既可列植，也可群植或散植点缀庭院，还可做海岸绿化树种。

皇后葵景观

丝葵

别名：加州葵、华棕、老人葵
科属名：棕榈科丝葵属
学名：*Washingtonia filifera*

大丝葵株形 ▷

形态特征

常绿乔木，高达18~21m。树干基部通常不膨大，向上为圆柱状，顶端细，被覆许多下垂的枯叶，若去掉枯叶，树干呈灰色，可见明显的纵向裂缝和不太明显的环状叶痕。叶基密集，不规则；叶大型，叶片直径达2~3m，约分裂至中部而成50~80片裂片，每裂片先端又再分裂，在裂片之间及边缘具灰白色的丝状纤维，裂片灰绿色，无毛，中央的裂片较宽，两侧的裂片较狭和较短而更深裂；叶柄约与叶片等长，基部扩大成革质的鞘，叶柄下半部边缘具小刺。花序大型，弓状下垂，长2.7~3.6m，三级分枝。核果，椭圆形，熟时黑色。种子卵形。花期8~9月，果期翌年4~6月。

适应地区

近年我国引入栽培，现长江以南地区均有，以广东最多。

生物特性

喜温暖、湿润、向阳的环境，能耐-10℃左右短暂低温。也能耐阴，抗风、抗旱力均强。喜湿润、肥沃的黏性土壤，也能耐一定的咸潮，能在沿海地区生长良好。

繁殖栽培

用播种繁殖。成株移栽则宜在春夏间进行，且要在移前数月进行断根处理，以确保栽后能保持植株完好形态，尽快恢复生长。生长速度快。

丝葵景观

景观特征

树冠优美，叶大如扇，生长迅速，四季常青，是热带、亚热带地区重要的绿化树种。尤其是那干枯的叶子下垂覆盖于茎干之上，形似裙子，而叶裂片间特有的白色纤维丝犹如老翁的白发，奇特有趣。

园林应用

热带地区栽培为行道树或庭院树。其叶片较多，自然生长，圆弧度高，干粗于国产棕榈，植于道路广场较为壮观，较国产蒲葵壮观且耐寒性较好。树形壮丽，适宜做风景树、行道树，而且还是海边沙地良好的绿化树种，可单植、列植、群植利用。

＊园林造景功能相近的植物＊

中文名	学名	形态特征	园林应用	适应地区
大丝葵	*Washingtonia robusta*	常绿乔木，植株较高。茎较细。叶长1~2m，叶上裂片具少数丝状纤维，先端不下垂；叶柄缘红褐色，密生刺	同丝葵	热带、亚热带地区

丝葵景观

丝葵景观

丝葵景观

丝葵景观

大丝葵景观

大丝葵景观

假槟榔

科属名：棕榈科假槟榔属

学名：*Archontophoenix alexandrae*

形态特征

常绿乔木，高达25m。茎圆柱状，基部略膨大。叶羽状全裂，生于茎顶，羽片呈2列排列；叶鞘膨大而包茎，形成明显的冠茎。花序生于叶鞘下，呈圆锥花序式，下垂，多分枝，具2个鞘状佛焰苞；花雌雄异株，黄白色。果实球形，熟时红色。种子卵球形。每年开花、结果2次，花期4~6月及9~11月，果期10~11月及翌年4~5月。

假槟榔景观

适应地区

我国广东、海南、台湾等地都可露地栽培。

生物特性

阳性，喜高温、多湿气候，不耐寒。土壤以土层深厚、疏松、肥沃和排水良好的微酸性沙壤土或冲积土为佳。抗风及抗二氧化硫、氯气和氟化氢的能力较强。

繁殖栽培

播种繁殖为主。种子采收后洗净果肉，在温水中浸种两天后播种，应随发芽随移植，在幼龄期生长较缓慢，成龄后生长迅速。栽植时加施基肥，在生长旺盛的季节可每月追施稀薄液肥。栽植后2~3年内须适当遮阴。

景观特征

植株高大雄伟，气度非凡。其碧绿披垂的叶片随风飘曳，让人仿佛置身于热带风光之中。茎干单生、通直，亭亭玉立，叶冠扩展如伞，叶片整齐，婀娜多姿，树形清幽秀雅，为著名的热带风光园林树种。

*** 园林造景功能相近的植物 ***

中文名	学名	形态特征	园林应用	适应地区
槟榔	*Areca catechu*	叶羽状分裂，柄基扩大，抱茎。雌雄同株，肉穗花序，花序多分枝，雄花在上，雌花在基部	做行道树或果树	我国广东、海南、福建、广西及云南南部也有栽培
椰子	*Cocos nucifera*	叶片长3~7m，羽状全裂；叶柄粗壮，长1米余，基部有网状褐色棕皮。肉穗花序，雄花呈扁三角状卵形。坚果每10~20个聚为一束，极大	同假槟榔	我国广东、海南和云南南部、广西南部地区

假槟榔 ▷

槟榔景观

槟榔景观

椰子景观

园林应用

热带地区栽培为行道树或庭院树。做行道树时，整齐美观，但遮阴性差。优美的树冠、规则的叶环痕茎干及鲜红的果穗，是其主要观赏特征。

大王椰子

别名：王棕
科属名：棕榈科大王椰子属
学名：*Roystonea regia*

形态特征

常绿乔木，高可达15~20m。单干高耸挺直，干面平滑，上具明显叶痕环纹，茎基部会有不定根伸展，中央部分稍肥大。叶聚生于茎顶，羽状复叶长可达 3~4m，全裂；小叶披针形，长而柔软，先端 2 裂，除羽轴顶部外，均排列且不在同一平面上，常扭成不整齐的 4 列；叶鞘光滑亮绿，环抱茎顶。肉穗花序着生于最外侧的叶鞘着生处，花乳白色，多分枝。核果球形，熟时紫褐色。每年开花、结果 2 次，花期 3~5 月及 10~11 月，果期 8~9 月及翌年 5 月。

菜王椰子景观

适应地区

我国华南地区和福建、云南常见栽培。

生物特性

属于阳性树，喜高温、多湿，日照需充足。栽培土质不拘，只要表土深厚、排水良好皆能成长，但以富含有机质的砂质壤土为最佳。抗风、抗氟化氢污染能力较强。

繁殖栽培

以种子繁殖。11 月采种，春、夏为适期，不能在树阴下栽培，但在花圃初期可设阴棚，以防强风。春暖至夏季为移植适期，用大苗或大树种植，要提前 3~4 个月作“断根”处理，移期时尽量带土团，避免寒害。定植后应架支柱，防风摇曳，固定宜用草绳或麻绳，忌用铁丝。成长期间每年可施用天然肥或腐熟堆肥 3~4 次。冬季宜少灌水，因水分太多易导致根部腐烂。

景观特征

为著名热带观赏植物，高大雄壮，上半部稍肥。树冠无分枝，树姿美丽壮观，成株后不怕台风吹袭，如同一群雄壮威武的卫兵，在他们的衬托下，一栋毫无生气的建筑物变成了庄严富丽的城堡。

园林应用

干粗壮高大，适宜做行道树、风景树。在庭院、校园、公园、游乐区、楼宇等地均可单植、列植、群植美化。因树形高大，单植较难与其他植物协调。

＊园林造景功能相近的植物＊

中文名	学名	形态特征	园林应用	适应地区
菜王椰子	*Roystonea oleracea*	常绿乔木。茎灰色具较密的环纹，基部与中部膨大。叶鞘绿色光滑，叶羽状裂	同大王椰子	同大王椰子

大王椰子花序特写 ▷

大王椰子景观

大王椰子景观

大王椰子景观

短穗鱼尾葵

别名：酒椰子、丛生孔雀椰子
科属名：棕榈科鱼尾葵属
学名：*Caryota mitis*

形态特征

丛生小乔木，高 6m 左右。有匍匐根茎，干竹节状，在环状叶痕上常有休眠芽，近地面有棕褐色肉质气根。在茎基部分蘖较多植株，形成丛生状。叶长 1~3m，2 回羽状全裂，大小形状如鱼尾葵；叶鞘较短，下部厚被棉毛状鳞秕。肉穗花序有分枝，稠密而短，总梗弯曲下垂，佛焰苞可达 11 枚。浆果球形，熟时蓝黑色。种子 1 颗。

短穗鱼尾葵株形

适应地区

分布于我国广东、广西、福建和云南南部。

生物特性

为阳性树种，喜温暖，但具有较强的耐寒力，其抗寒力较散尾葵强，为较耐寒的棕榈科热带植物之一。在湿润的气候环境及肥沃、湿润的酸性土中生长良好。

短穗鱼尾葵景观

繁殖栽培

可用播种和分株繁殖。春季将种子播于砂质壤土为基质的浅盆上，保持土壤湿润和较高的空气湿度，2~3 个月可以出苗。短穗鱼尾葵的根为肉质，有较强的抗寒能力，其他季节浇水时要掌握间干间湿原则，切忌积水，以免引起烂根或影响植株生长。其在高温、高湿及通风不良条件下极易感染霜霉病，须在发病前喷洒 800~1000 倍液托津等杀菌剂预防。

景观特征

植株丛生状，树形丰满且富层次感，叶形奇特，叶色浓绿，为绿化装饰的主要观叶树种之一。

园林应用

为庭园优美观赏树种，丛植、行植或墙边种植均可表现丰姿。也常以中小盆种植，摆放于大堂、门厅、会议室等场所。

鱼尾葵

别名：孔雀椰子、假桄榔
科属名：棕榈科鱼尾葵属
学名：*Caryota ochlandra*

鱼尾葵果序

形态特征

常绿乔木，高可达 20m。树冠伞状卵圆形。茎单干直立，有环状叶痕。2 回羽状全裂，大而粗壮，先端下垂，羽片互生，厚而硬，形似鱼尾；叶鞘抱茎，具褐色网状纤维。花序腋生，弯曲且下垂，长 2~3m，分枝多，花黄色，多数，穗状紧密排列。核果球形，成熟后淡红色。花期 6~7 月，果期翌年 9~11 月。

鱼尾葵景观

适应地区

我国海南五指山有野生分布，台湾、福建、广东、广西、云南均有栽培。

生物特性

喜温暖，不耐寒，生长适温为 25~30℃，越冬温度要在 10℃以上。根系浅，喜疏松、肥沃、富含腐殖质的中性土壤。不耐盐碱，也不耐强酸，不耐干旱、瘠薄，也不耐水涝。耐阴性强。

繁殖栽培

可用播种和分株繁殖。一般于春季将种子播于透水通气的砂质壤土为基质的浅盆中，保持土壤湿润和较高的空气湿度，一般 2~3 个月可以出苗。3~10 月为主要生长期，一般每月施液肥或复合肥 1~2 次。鱼尾葵在高温、高湿及通风不良条件下极易感染霜霉病，须在发病前喷洒 800~1000 倍液托津等杀菌剂预防。另外，在高温、干燥气候下也易发生介壳虫害，应喷 800 倍氧化乐果等防治。

景观特征

是我国最早作栽培观赏的棕榈植物之一。其树姿优美潇洒，茎干挺直，叶片翠绿，有不规则的齿状缺刻，酷似鱼尾，富含热带情调。花色鲜黄，果实如圆珠成串。

园林应用

适于栽培于园林、庭院中观赏，也可盆栽作室内装饰应用，是优良的室内大型盆栽树种。羽叶可剪做切花配叶，深受人们喜爱。

*** 园林造景功能相近的植物 ***

中文名	学名	形态特征	园林应用	适应地区
董棕	*Caryota obtusa*	常绿乔木。树干粗壮浑厚，树体高大雄伟，树叶婆娑如盖	同鱼尾葵	西南、华南地区

加拿利海枣

别名：长叶刺葵
科属名：棕榈科刺葵属
学名：*Phoenix canariensis*

形态特征

常绿乔木，高 10~15m。茎干粗壮，树冠伞形。茎单生，直径 50~70cm，紧密地覆以叶柄残基。叶聚生于茎顶，羽状全裂，较密集，长可达 6m，每叶有 100 多对羽片叶；小叶狭条形，坚挺且内向上折叠，排列整齐，两面亮绿色，长 100cm 左右，宽 2~3cm；近基部小叶成刺状，基部由黄褐色网状纤维包裹。穗状花序腋生，长可达 1m；花小，黄白色，每年开花 2 次，花期 4~5 月及 10~11 月。核果椭圆形，果期 7~8 月及翌春，熟时橙色。

加拿利海枣花序

适应地区

我国南方地区广泛栽培。

生物特性

喜温暖、湿润的环境，喜光又耐阴，抗寒、抗旱。生长适温为 20~30℃，热带、亚热带

加拿利海枣景观

加拿利海枣果序

✲ 园林造景功能相近的植物 ✲

中文名	学名	形态特征	园林应用	适应地区
中东海枣	*Phoenix dactylifera*	叶灰色；干上残余叶柄伏贴干上，径为 30cm，残余叶柄灰褐色，无叶鞘假茎，叶柄基部的棕蓑少	同加拿利海枣	同加拿利海枣
银海枣	*P. sylvestris*	叶灰绿色，叶柄有残茎，红褐色，叶长 4.5m。果长椭圆形，熟时橙黄色	同加拿利海枣	同加拿利海枣

地区可露地栽培，在我国长江流域冬季需稍加遮盖，黄淮地区则需室内保温越冬。对土壤要求不严，但以含腐殖质之壤土或砂质壤土最佳，排水需良好。

加拿利海枣景观

繁殖栽培

播种繁殖，但发芽时间较长，出苗也不整齐。播前除进行消毒处理外，还需进行催芽处理，且以沙藏层积法催芽效果较好，待种子破芽后再挑出盆播，每盆一株，盖土育苗。栽时需施足基肥，栽后定期追肥，有机肥、无机肥均可。大苗生长较快，肥、水需求更大，且要有充足光照才能生长健壮。成株移栽需带完整土球，并适量剪取基部叶片，减少水分蒸发，有利于栽后根系再生，植株恢复生长。抗逆性较强，但偶有致死黄化病发生，应注意及时防治。

海枣景观

景观特征

高大挺拔的鱼鳞茎干撑起一把凤尾叶的加拿利海枣，金黄色的果穗以及被菱形叶柄痕所装扮的粗壮茎干，使其成为最具观赏价值的羽状叶棕榈植物。

园林应用

植株高大雄伟，形态优美，可孤植做景观树，或列植为行道树，也可三五株群植造景，是街道绿化与庭院造景的常用树种，深受人们喜爱。幼株可盆栽或桶栽观赏，用于布置节日花坛，效果极佳。

油棕

别名：油椰子
科属名：棕榈科油棕属
学名：*Elaeis guineensis*

形态特征

常绿乔木，高达10m。茎直立，不分枝，圆柱状，茎粗30~40cm，茎皮环状，带有老叶残余物。叶片呈螺旋状着生于茎顶，长3.6m以上，直立或伸展；叶柄基部加宽，具灰棕色鳞片边缘有刺；小叶片50片以上，中脉明显，第一级侧脉每边约6条。肉穗花序8个以上，雄花具多个分枝；雌花具总花梗，分枝密集成球形头状花序。果穗一般重18~23kg，果实外层是果肉，果肉是棕榈油的来源。油棕单位面积的产油量居于其他各种油料作物之首，历来有“世界油王”之称。

油棕景

适应地区

我国华南地区有引种栽培。

生物特性

喜高温、湿润、强光照和土壤肥沃的环境，但在季节性干旱地区也有较大的适应性。以年平均温度24~27℃、年雨量2000~3000mm，分布均匀、每天日照5小时以上的地区最为理想。年平均温度低于22℃并有短期霜害的地区，果实发育不良，不宜作果树栽培。

油棕景观

繁殖栽培

播种繁殖。用加热处理法催芽效果最佳，可在38~40℃的暖房、恒温箱或人工气候室处理80~90天催芽。种子萌芽后即移植于过渡苗圃。栽植后1~4年为幼龄期，以营养生长为主。树龄六七年时进入生长旺期，对水、肥要求强烈，一般每年每株施有机肥50kg左右，施硫酸铵或氯化铵2~3kg，以利生长。

景观特征

茎干粗壮，叶大而密集，树姿雄伟壮观，气势非凡，极具热带风光特色，为著名木本油料植物。

园林应用

株形优美，树冠巨大浓密，为棕榈植物不可多得的林阴树，可做行道树和公园风景树。

油棕果序 ▷

油棕景观

油棕景观

其他行道植物简介

中文名	别名	学名	科名	形态特征	生物特征	园林应用	适应地区
杨桃	阳桃	*Averrhoa carambola*	酢浆草科	常绿乔木。幼枝有毛。叶为单数羽状复叶，小叶卵形，下面有疏毛。花小，淡紫色。果为浆果，黄绿色	植株生长强健，结果期长。对肥料的要求较高，怕干旱，忌积水，抗病性强。对土壤要求不严	多栽培于园林或村旁，也可作行道树栽培	盛产于我国南部和台湾地区
油桐	木油桐	*Aleurites fordii*	大戟科	落叶小乔木。树皮呈灰色。叶卵状圆形，全缘；叶柄长。花大，白色略带红。核果球形	喜光，喜温暖、湿润气候，对霜冻有一定抗性。适生于深厚、肥沃、排水良好的酸性至中性沙壤土	树冠呈水平展开，层层枝叶浓密，耐旱、耐瘠，为良好园景树及行道树种	栽培于我国中南、西南、华东地区以及陕西和甘肃南部
蝴蝶果		*Cleidiocarpon cavaleriei*	大戟科	常绿小乔木。幼枝、花枝、果枝均有星状毛。叶集生于小枝顶端，椭圆形或长椭圆状椭圆形，全缘	对土壤的适应性较广。有一定的耐寒力，而幼苗和幼树易受冻害。偏阳性树种	优良的绿化树种，可做行道树和庭院树	分布于我国广西至西南部
乌桕	桕树	*Sapium sebiferum*	大戟科	落叶乔木。树冠高大呈圆形。叶色随季节而变化，一般春叶青翠，夏叶深绿，秋叶红艳。其花金黄，果洁白	深秋时，乌桕树叶变红、黄、橙、紫等色，是著名的观赏植物	各地栽培于路旁、田埂或山坡上，也可栽为行道树	我国分布很广，主产于长江流域及珠江流域
阔叶黄檀	印度玫瑰木	*Dalbergia latifolia*	蝶形花科	常绿乔木。树皮褐色，有纵裂槽纹。小枝具有小而密集的皮孔。1 回羽状复叶，小叶互生，近革质	阳性树种。在常年气温较高、干湿季明显、土壤为褐色砖红壤和赤红壤等土壤类型均可种植	公园及行道旁种植	华南和西南地区有栽培
降香黄檀	黄花梨木	*Dalbergia odorifera*	蝶形花科	树皮褐色，有纵裂槽纹。小枝具有小而密集的皮孔。1 回羽状复叶，小叶互生，近革质	属阳性树种。喜光，对土壤的要求不太严格，适应性很广，尤其在肥沃的砂质壤土上生长最好	庭院风景树、绿阴树和行道树	产于我国海南中部和南部
印度黄檀	茶檀	*Dalbergia sissoo*	蝶形花科	落叶大乔木。奇数羽状复叶，小叶 5~7 片，阔卵形或菱形，先端突尖。花黄白色。荚果扁	阳性植物，需强光，生长快。耐热、耐旱、耐瘠、耐风，不耐阴，抗污染，易移植	树形健美，叶簇青翠，质感轻盈，为优良的园景树、行道树、遮阴树	云南、广西、广东等地也有分布

续表

中文名	别名	学名	科名	形态特征	生物特征	园林应用	适应地区
海南红豆	大萼红豆	*Ormosia pinnata*	蝶形花科	常绿乔木。叶羽状复叶，有光泽。花粉白，蝶形花。果实为荚果，内有红色的种子。秋季开花，种子冬季成熟	喜光，对土壤要求严格，喜酸性土壤。喜肥水，抗风。生长较为缓慢，移栽成活较难	树冠圆伞状，姿态高雅，荚果独特，为优良的园林风景树和行道树	产于我国广东、海南、广西
蚬木	火果木	*urretiodendron hisenmu*	椴树科	常绿小乔木，树高可达30m。单叶互生，厚革质，椭圆形，离基3出脉。单性花，聚伞花序。蒴果	喜光，喜高温、湿润气候，适应性颇强。耐寒，耐半阴，抗大气污染，抗风，不耐干旱	是优良的遮阴树和行道树种	我国广西南部，向西延伸到云南东南部石灰岩地区
椴树	叶上果	*Tilia tuan*	椴树科	落叶乔木。单叶互生，常有星状毛或单毛，边缘有锯齿或缺齿，通常基部斜歪。花两性，复聚伞花序	椴木坚硬，是因为生长在石灰岩地质上，吸收了很多钙质成分，生长异常缓慢	喜光，生长较快，常做庭院树和蜜源植物	华北、东北地区
珙桐	鸽子树	*Davidia involucrata*	珙桐科	落叶乔木。树皮暗灰褐色。单叶互生，叶卵形，纸质，基部心形。花杂性，花基部有2片乳白色的大苞片，形同鸽子，非常美观	幼苗期喜欢阴湿环境，成年树适宜半阴，怕阳光曝晒和炎热。喜在深厚、肥沃、湿润而排水通畅的酸性或中性土壤中生长	被誉为“中国鸽子树”，在园林界极负盛名，成为珍贵的观赏树种	湖北西部、湖南西部、四川以及贵州和云南两省的北部都有分布
卷荚相思		*Acacia cincinnata*	含羞草科	常绿乔木。树冠窄小细长，尖塔形，树皮灰棕色，纵裂。叶状柄浅绿色，椭圆披针形。荚果为螺旋条状	阳性植物，需强光。生长适温为23~30℃，生长快，耐热。耐旱、耐瘠、耐酸，抗风、抗污染，成树不易移植	树形美观，可观花、观果	热带、亚热带地区
海红豆	红豆	*Adenanthera pavomna*	含羞草科	常绿乔木。2回羽状复叶，羽片4~12对，基部近圆形，薄膜质，表面深绿色，背面灰绿色。总状花序，花小，白色或淡黄色	喜肥沃的壤土或砂质壤土，日照充足生机健旺。早春修剪整枝一次，成株后甚为粗放。喜高温、多湿，生育适温为22~30℃	海红豆是观果的园景树，常做庭院、行道绿化树种	我国台湾、广东、广西、海南和云南南部地区
合欢	绒毛树	*Albizia julibrissin*	含羞草科	落叶乔木。2回偶数羽状复叶，小叶镰刀形，全缘。头状花序，粉红色。荚果扁平	喜高温、高湿、日照充足，生长适温为23~30℃	抗污染，做观赏树种和行道树	我国热带、亚热带地区均有应用

*** 续表 ***

中文名	别名	学名	科名	形态特征	生物特征	园林应用	适应地区
大叶合欢	阔叶合欢	*Albizzia lebbeck*	含羞草科	落叶乔木，高达12m。叶大，2回羽状复叶。头状花序花银白色，有香气。花期7月	喜阳，喜湿，生长适温为20~32℃，夏季应保持一定湿度，充分浇水。注意修剪整形	为主要的庭院树及行道树	我国广东、福建、台湾有栽培
赤杨	日本桤木	*Alnus japonica*	桦木科	落叶乔木。枝有腺点，有棱。叶互生，长椭圆形或长卵形，先端渐尖，边缘有尖细锯齿，背面叶脉明显凸起，有腺点	阳性植物。喜爱温暖、湿润、向阳地，生育环境适温为15~25℃，日照程度70%~100%，幼苗耐阴	不耐干旱，是水边、护堤的绿化树种	分布于东北、华北地区，南至江苏、安徽等省
白桦	桦木	*Betula platyphylla*	桦木科	落叶乔木。树皮白色，易剥落。嫩枝红褐色，上有白色皮孔。叶有长柄，叶片三角状卵状，边缘有不规则的粗锯齿	阳性植物。喜温凉气候，不耐南方炎热高温，生长适温为20~30℃	树冠卵圆形，树干通直，树皮白色，具有较高的观赏价值，为庭院和行道绿化树种	主要分布在东北及华北地区
鹅耳枥		*Carpinus turczaninowii*	桦木科	落叶乔木。树皮暗灰褐色，浅纵裂。单叶互生，卵形，边缘具重齿。花单性同株，雌花为柔荑花序，顶生，雄花序腋生，下垂	喜阳光或散射光充足的地方。宜用肥沃、疏松及排水良好富含钙质的沙壤土	枝叶茂密，叶形秀丽，颇美观，宜庭院观赏种植	分布于辽宁、河北、河南和山东
华榛	山白果	*Corylus chinensis*	桦木科	落叶乔木。叶卵形至长卵形，先端渐尖，基部心形，一树会出现3种叶形。花单性同株，雌花成头状花序，雄花成穗状花序	喜阳光和温暖、湿润气候，宜用肥沃、疏松及排水良好酸性土壤	树形高大，常用于庭院和道路绿化	分布于西南和中南地区
半枫荷		*Semiliqui damber cathayensis*	金缕梅科	常绿乔木。单叶互生，叶异型，一树会出现3种叶形。花单性同株，雌花成头状花序，雄花成穗状花序。蒴果木质	喜生于土层深厚、肥沃、疏松、湿润且排水良好的酸性土壤	是罕见的稀有树种，为国家一级保护植物	我国特有种，分布中心在华南或华东地区
柚木	胭脂树	*Tectona grandis*	马鞭草科	落叶乔木。枝条淡灰色或淡褐色，四方形。叶对生，宽卵形或倒卵状椭圆形；叶柄较粗壮	喜光，喜高温、多湿气候	世界著名用材树种之一，也常做绿化树种	我国华南地区至云南有引种栽培

＊续表＊

中文名	别名	学名	科名	形态特征	生物特征	园林应用	适应地区
板栗	栗	*Castanea mollissima*	壳斗科	落叶乔木，高达20m。树冠扁球形，树皮灰褐色。单叶互生，叶片长圆形，边缘具粗锯齿。坚果。花期5~6月	对湿度的适应性强，年均温在3~25℃的地区均有分布	是优良的木本粮食和用材树种，且抗逆性强，适应性广	北起辽宁、吉林，南至广东、海南等省都有分布
青冈	青冈栎	*Cyclobalanopsisglauca*	壳斗科	落叶乔木，高达20m。树皮淡灰色。叶椭圆形，边缘中上部有锯齿，背面灰白色。壳斗杯状，坚果卵形	喜稍温暖，生长适温为18~21℃，要求中等强度光线和较高的温度	优良速生用材及行道绿化树种	陕西和长江以南各省区
石栎	木柯	*Lithocarpus glabra*	壳斗科	落叶乔木。单叶互生，叶片倒卵状。壳斗碟形或碗形，外壁小苞片呈鳞片状	喜温暖环境，生育适温为20~28℃。栽培土以排水良好的砂质壤土为佳。全日照或半日照均可	枝叶繁茂，经冬不落，宜做庭阴树，或成片种植	我国热带、亚热带地区
栓皮栎	软木栎	*Quercus variablis*	壳斗科	落叶乔木。树皮深灰色，纵深裂。单叶互生，叶片长圆形，边缘具锯齿。壳斗碟形或碗形	更新力强，生长适温为23~25℃	木材坚硬，纹理直，结构粗，为优良木材树种。公园绿化常用树种	辽宁、河北、山西、陕西、甘肃以南各省区
长叶竹柏		*Podocarpus fleuryi*	罗汉松科	常绿乔木。单叶交互对生，阔披针形，具多数平行细脉，无中脉。种子核果状，圆球形，为肉质假种皮所包	生长适温为18~28℃，生长速度缓慢。耐热、耐旱、耐瘠。不需要修剪，大树不易移植，寿命长	树干挺直，可做庭院绿化树种	产于我国广东、海南、广西、云南等地
罗汉松	罗汉杉	*Podocarpus macrophyllus*	罗汉松科	常绿乔木。叶线状披针形，螺旋状互生。种子单生于叶腋，深绿色有白粉，着生于肉质紫红色种托上	生长较缓慢。喜温暖至高温，排水、日照良好，生育适温为15~28℃，干旱期需充分补给水分	树形优美，枝叶苍翠，是广泛用于庭院绿化的优良树种	在我国长江以南各省区均有栽培
鹅掌楸	马褂木	*Liriodendron chinensis*	木兰科	落叶乔木。单叶互生，叶片两侧通常各有1裂，向中部凹入，老叶背面有乳头状的白粉点。花杯状	耐寒、耐半阴，不耐干旱和水湿，生长适温为15~25℃，冬季能耐-17℃低温	为优良绿化树种	浙江、江苏、安徽、江西、湖南、四川、贵州、广西、云南等

*** 续表 ***

中文名	别名	学名	科名	形态特征	生物特征	园林应用	适应地区
北美鹅掌楸	北美马褂木	*Liriodendron tulipifera*	木兰科	落叶乔木。单叶互生，叶片两侧通常各有 2 裂至 3 裂，不向中部凹入，老叶背面无白粉。花碗状	耐寒、耐半阴，不耐干旱和水湿，生长适温为 15~25℃，冬季能耐 -17℃低温	为优良绿化树种	浙江、江苏、安徽、江西、湖南、四川、贵州、广西、云南等
木莲	绿楠	*Manglietia fordiana*	木兰科	常绿乔木。小枝具环状托叶痕，幼枝及芽有红褐色短毛。单叶互生，狭长圆形至倒披针形。花白色，形如莲，单生于枝端	耐寒、耐阴，喜温暖至高温、湿润，生育适温为 18~28℃。冬季部分叶绯红，鲜艳夺目	宜在庭院、草坪孤植、群植	产于我国东南部至西南部
红花木莲	红色木莲	*Manglietia insignis*	木兰科	常绿乔木。小枝具环状托叶痕。单叶互生，狭长圆形。花含苞待放时颜色艳丽美观，花色随气温而变，气温越低颜色越红	喜温湿和疏松、肥沃的腐殖质土，生长适温为 22~30℃	树形优美，花色艳丽芳香，可庭院栽植和做行道树	分布于我国湖南、贵州、广西、云南、西藏
深山含笑	莫氏含笑	*Michelia maudiae*	木兰科	常绿乔木。芽和幼枝梢有白粉。叶互生，革质，全缘，长圆形。两性花，单生在枝梢叶腋，白色，有芳香，花被片 9 片	喜温暖、湿润和半阴的环境。不耐干燥和强光暴晒，忌积水	春季满树白花，清香宜人，入秋果微裂后露出鲜红色假种皮，艳丽夺目，是园林和“四旁”绿化的优良观赏花木	我国湖南、广东、广西、福建、贵州及浙南山区有栽培
乐昌含笑	景烈含笑	*Michelia chapensi*	木兰科	常绿乔木。树形优美，枝叶翠绿。单叶互生，薄革质，倒卵形。花瓣 6 枚，黄白色。花期 3~4 月	生长适合平均气温为13~19℃，绝对最低气温 -11℃区域	是优良的园林新秀，可孤植、丛植、列植	产于我国江西南部、湖南西部及南部、广东西部及北部、广西东北部及东南部
油橄榄	木犀榄	*Olea europaea*	木犀科	常绿小乔木，高 6~7m。单叶对生，披针形或长椭圆形，全缘，革质，背面密被白色鳞片。圆锥花序。核果卵形	生长适温为 15~18℃，喜向阳。选择排水良好、土质疏松、湿润、含腐殖质较多的砂质壤土为好	具寿命长、对环境条件适应性强等优点，可作行道树栽培	我国华中地区有少量引种

*** 续表 ***

中文名	别名	学名	科名	形态特征	生物特征	园林应用	适应地区
观光木	香花木	*Tsoongio dendron odorum*	木兰科	常绿乔木。树干挺直，树冠宽广，枝叶稠密。单叶互生，椭圆形，长8~15cm。花单生于叶腋，花乳白色，芳香	喜温暖，不耐寒冷	是优美的庭院观赏及行道树种	产于我国云南东南部、贵州东南部、湖南南部、江西南部
桂花	木犀	*Osmanthus fragrans*	木犀科	常绿乔木。单叶对生，叶缘具锯齿，叶革质。花期 9~10 月，具浓香，花色因品种而异。核果	喜温暖、湿润，不耐寒，生长适温为18~24℃。夏季畏强光曝晒，冬季需阳光充足。要求疏松、肥沃的土壤	花期正值仲秋，香飘数里，是我国人民喜爱的传统园林花木	原产于我国西南部，现广泛栽培于长江流域各省区
七叶树		*Aesculus chinensis*	七叶树科	落叶乔木。掌状复叶形态奇异、秀丽、悦目。早春吐露绯红的新叶，十分娇艳；入秋时，叶色红得鲜艳、美丽	喜光，稍耐阴，喜温和气候，也耐寒。为深根性树种，喜深厚、肥沃、湿润而排水良好的土壤。生长较慢而寿命长	树姿高大、挺拔、雄壮，为世界著名四大行道树之一	原产于我国北部和西北部，黄河流域一带较多，江苏、浙江、安徽等地有栽培
团花	黄梁木	*Anthocephalus chinensis*	茜草科	常绿乔木。树冠呈椭圆形。叶对生，叶片大而光亮，托叶大。头状花序，生于枝条顶端	速生，亚热带树种。要求阳光非常充足，极不耐阴	树形美观，树干挺拔秀丽，笔直而雄健，可作行道树栽培	分布于广东、广西、云南等省区
山樱花		*Prunus campanulata*	蔷薇科	落叶乔木。树皮有光泽，皮孔明显。老枝呈片状剥落。叶长卵形，重锯齿缘。花萼钟状漏斗形，绯红色	生长适温为18~24℃。土壤以富含腐殖质、略黏重而又渗水性良好的土壤为宜，忌积水	树形优美，早春着花，花粉红至绯红色，令人心旷神怡，是优良的行道树和风景林树种	分布于东亚
山楂	山里红	*Crataegus pinnatifida*	蔷薇科	落叶小乔木。叶三角状卵形至菱状卵形，有锯齿。花白色，伞房花序。果近球形或梨形，红色，有白色皮孔	阳性树种，要求阳光充足、土层深厚、水分充足	树冠整齐，花繁叶茂，果实鲜红可爱，是观花、观果的园林绿化优良树种	产于我国东北、华北地区和江苏

*** 续表 ***

中文名	别名	学名	科名	形态特征	生物特征	园林应用	适应地区
桃花		*Prunus persica*	蔷薇科	落叶小乔木。单叶互生，叶椭圆状披针形，边缘有细锯齿。花单生，有白、粉红、红等色，重瓣或半重瓣。核果	喜温暖环境，生育适温为 15~25℃。喜肥沃、湿润的微酸性土壤。适应性强，耐旱，不耐瘠薄	是我国传统的园林花木，为早春重要的观花树种	我国南北各地栽培极为普遍
梅花		*Prunus mume*	蔷薇科	落叶小乔木。单叶互生，卵圆形，叶缘有锯齿。花白色，雄蕊多数，有香气。核果	喜凉爽、较耐寒，生长适温为 18~21℃。地下根茎耐旱，忌积涝。喜地势高、土层深厚、富含腐殖质、疏松、肥沃、排水良好的壤土	为中国十大传统名花之一，是重要的赏花树种，做庭院树、行道树均可	我国长江流域广为露地栽培
李花		*Prunus salicina*	蔷薇科	枝干如桃，叶绿而茂，花小而繁，白色，花先于叶而开或花叶同开。果实圆形，果皮紫红、青绿或黄绿	喜温暖或冷凉，生育适温为 12~25℃	花色洁白素雅，犹如满树香雪，自古以来深受人们喜爱，常与桃花并称	原产于我国长江流域
樱花		*Prunus serrulata*	蔷薇科	落叶小乔木。单叶互生，叶椭圆形或倒卵形；叶柄常具 2 枚腺体。总状花序，先叶开放，花瓣白色或粉红色。核果黑色。花期 4 月	对气候、土壤适应范围较宽。喜光、耐寒、抗旱，在排水良好的土壤上生长良好	花朵极其美丽，盛开时节，满树烂漫，是早春开花的著名观赏花木	以华北地区及长江流域各城市为多
东京樱花	日本樱花	*Prunus yedoensis*	蔷薇科	落叶小乔木。单叶互生，叶卵状椭圆形至倒卵形，叶缘具重锯齿，叶柄有柔毛。短总花序，花白色至淡粉红色，常为单瓣，有微香。花期 4 月	对气候、土壤适应范围较宽。喜光、耐寒、抗旱，在排水良好的土壤上生长良好	花朵极其美丽，盛开时节，满树烂漫，是早春开花的著名观赏花木	以华北及长江流域各城市为多
梨花		*Pyrus pyrifolia*	蔷薇科	落叶乔木，高达 7~15m。小枝嫩时具黄色长肉质或茸毛。单叶互生，卵形，叶缘有锯齿。花白色。核果球形，黄褐色。花期 3~4 月	以疏松、肥沃的砂质壤土为佳。喜干燥、冷凉气候，栽培处日照必需充足	庭院观赏果树	我国长江流域至华南、西南地区
拐枣	枳	*Hovenia dulcis*	鼠李科	落叶乔木。叶宽卵形，3 出脉。果柄肉质，扭曲，味甜可生食	喜高温、多湿，生育适温为 20~30℃。栽培土质不拘，但以肥沃的砂质壤土最佳。日照强烈则生机旺盛	可做行道树、庭阴树	分布于我国华北、华东、中南、西北、西南各省区

*** 续表 ***

中文名	别名	学名	科名	形态特征	生物特征	园林应用	适应地区
越南胭脂树		*Artocarpus tonkinensis*	桑科	常绿乔木。小枝淡红褐色，常被平伏短柔毛。叶革质，椭圆形，倒卵形或长圆形；托叶锥形，脱落后有疤痕	喜温暖、湿润和阳光充足的环境，对土壤要求不高	可作行道树栽培	产于我国广东、海南、广西、云南、贵州
竹叶榕	柳叶榕	*Ficus stenophylla*	桑科	常绿小乔木。叶互生，纸质，条状披针形，先端渐尖，基部楔形至圆形，叶面深绿色，背面浅绿色，全缘，似竹叶。隐头花序小	为阳性植物。喜温暖、湿润、向阳的立地环境	可作行道树栽培	我国华南和西南地区有栽培
青果榕		*Ficus chlorocarpus*	桑科	常绿乔木。单叶互生，叶大型，质地厚。茎上开花结果，老茎生花。果实绿色	喜温暖、湿润和散射光的环境。生长适温为13~30℃，温度低时容易引起落叶	可做行道树和庭院观赏树	是华南地区南中部、西南部常见树种之一
灯台树	瑞木	*Cornus controvers*	山茱萸科	落叶乔木，树干端直。分枝呈层状，宛若灯台而得名，枝条紫红色或略带绿色。叶互生，卵形。花白色，聚伞花序顶生	喜温暖气候，喜光、喜湿润，适应性强，耐热、生长快。宜在肥沃、湿润、疏松及排水良好的土壤上生长	树姿奇特，宜孤植于庭院、草地供观赏，也可以做行道树	我国广泛栽培，为暖温带树种
香榄	醉花	*Mimusops elengi*	山榄科	常绿小乔木，具乳汁。叶狭长圆形。浆果球形，成熟时棕色。花期12月至翌年2月，果期4~6月	为阳性植物。喜温暖、湿润、向阳的立地环境	可做行道树、园景树	亚洲热带地区和我国华南南部、云南南部
木荷	荷树	*Schima superba*	山茶科	常绿乔木，高大。叶革质，卵状椭圆形至矩圆形。花白色，单朵顶生或集成短总状花序，有芳香	喜光，也耐半阴、湿润的环境，生长适温为15~30℃。喜肥沃的酸性土壤	可做行道树或庭院观赏树	分布于我国安徽、浙江、福建、江西、湖南、广东、台湾、贵州、四川
白兰榕	白肉榕	*Ficus championii*	桑科	常绿灌木或中乔木。枝条白到黄褐色。单叶互生，叶片椭圆形，质地厚。隐头花序小	树性强健，萌芽力佳。对栽培土质选择性不严。栽培处日照需充足，春至秋季为生育盛期	可作行道树和庭院树栽培	我国华南和华东地区有栽培

＊续表＊

中文名	别名	学名	科名	形态特征	生物特征	园林应用	适应地区
金松	日本金松	*Sciadopitys verticillata*	杉科	常绿乔木。枝叶轮生、平展，树冠圆锥形，树皮淡红色或褐色。叶线形，扁平。球果	喜温暖、湿润和阳光充足的环境，耐寒，耐半阴，不耐干旱，生长适温为 18~25℃	树形美观，四季常青，为园林绿化的珍贵树种，做行道树和庭院树	我国中部有引种栽培
台湾油杉		*Keteleeria davidiana* var. *formosana*	松科	常绿乔木。当年生枝无毛。冬芽纺锤状卵形或椭圆状。叶条形，螺旋状排列	喜温暖、湿润、阳光充足的环境，但不耐烈日曝晒，忌旱，怕涝。适宜疏松、肥沃、排水良好的砂质壤土	孑遗植物，可作行道树栽培	为我国台湾的特有树种
油杉		*Keteleeria fortunei*	松科	常绿乔木。树皮黄褐色或暗灰褐色，纵裂或块状脱落。1 年生枝红褐色。叶在侧枝上排成两列，线形	喜温暖、湿润、阳光充足的环境，忌酷热、烈日曝晒和旱涝。适宜疏松、肥沃、排水良好的砂质壤土	树干挺直，可做行道树种	分布于我国福建、广东和广西南部沿海丘陵地带
华山松		*Pinus armandii*	松科	常绿乔木。小枝灰绿色，微被白粉。叶 5 针一束，较粗。球果圆锥状长卵圆形	生长适温为15~25℃。在中国北方大部分地区略加保护可以安全越冬	自然形态为宝塔形，孤植于庭院甚为美观，幼树也可盆栽	分布于我国云南、贵州、四川、湖北、甘肃、陕西、河南和山西
白皮松	白骨松	*Pinus bungeana*	松科	常绿乔木。小树塔形，大树外皮剥落后，内皮洁白。针叶 3 针一束，长 5~10cm	喜阳性的植物，略耐半阴，耐干旱，稍耐寒。对土壤要求不严，在中性、酸性及石灰性土壤中均能生长	园林中孤植、对植、群植皆可	分布于我国山西、河南、陕西、甘肃、四川北部和湖北西部
黑松	白芽松	*Pinus thunbergii*	松科	常绿乔木。树皮灰黑色，不规则片状剥落。小枝橙黄色。冬芽银白色。叶2针一束	生长快，抗风力强，耐干旱、瘠薄，具有防风沙、保持水土的效能，是营造海岸林和沿海荒山荒滩造林的先锋树种	树冠葱郁，干枝苍劲，为优良庭院和行道树种	我国华东及华中地区引种栽培
荔枝		*Litchi chinensis*	无患子科	常绿乔木。偶数羽状复叶互生，小叶 2~3 对。花单性，无花瓣。果球形，成熟时暗红色，外表有疣状凸起	喜高温，生育适温为 20~30℃，秋、冬季花芽分化期需低温、干燥。栽培土质以土层深厚的壤土或砂质壤土为佳	为岭南第一佳果。树姿健壮，为优良的庭院风景树和绿阴树	分布于我国广东、广西、海南、福建及云南东南部

续表

中文名	别名	学名	科名	形态特征	生物特征	园林应用	适应地区
铁杉		*Tsuga chinensis*	松科	常绿乔木。叶多呈2列，线形，先端有凹缺，上面中脉凹陷，下面有白色气孔带。球果下垂，卵圆形，黄褐色	耐阴性强，喜冷湿环境。喜肥沃、疏松的土壤	树干挺直，可做行道树	产于我国中部及西部地区
腊肠树	猪肠豆	*Cassia fistula*	苏木科	常绿乔木。叶1回羽状复叶。果实圆柱形，似腊肠挂在树枝上	以深厚而富含有机质的壤土最佳。喜充足阳光。喜高温，生育适温为23~32℃	为夏季观花、秋季观果的庭院风景树和绿阴树，也可做行道树	我国华南地区
铁刀木		*Peltophorum pterocarpum*	苏木科	常绿乔木。羽状复叶，小叶近革质，长圆形或长圆披针形。总状花序复排成圆锥状，芳香，花冠黄色。荚果扁平	喜温怕寒树种，热带地区比较适宜生长。喜光，但也能耐一定的庇阴。喜湿润、肥沃的中性土壤	景观树、庭园绿阴树、行道树	热带地区广为栽培
盾柱木	闭荚木	*Saraca dives*	苏木科	落叶乔木。树皮灰色，平滑。2回偶数羽状复叶。夏秋季开花，花黄色，有芳香，甚美。荚果扁长，有翅	生长快。耐热、耐旱、耐瘠、耐风，不耐阴。抗污染，易移植	做景观树、庭院绿阴树、行道树	分布于热带地区
中国无忧花	火焰花	*Saraca declinata*	苏木科	常绿乔木。偶数羽状复叶，有小叶5~6对，革质，长椭圆形或长倒卵形；新叶柔软下垂，呈现美丽的红色	喜温暖、湿润和光照充足的环境，生长适温为18~28℃，较耐寒	树势雄伟，花大而美丽，为南方地区优良庭院和行道树种	我国广州以北露地不能越冬。北方多于温室内盆栽
垂枝无忧花		*Saraca declinata*	苏木科	常绿乔木。偶数羽状复叶，小叶5~7对，长椭圆形，幼叶下垂	适应温暖、湿润和阳光充足的环境，生长适温为18~28℃，较耐寒	适宜庭院美化或做行道树	北回归线以北露地不能越冬。北方多于温室内盆栽
无忧花		*Saraca indica*	苏木科	常绿乔木。树冠圆伞形。1回羽状复叶。花期3~5月，花橙黄或橙红色，远望如火焰，极其美丽	喜温暖、湿润和光照充足的环境，生长适温为18~28℃，较耐寒	适宜庭院美化或做行道树	热带地区

*** 续表 ***

中文名	别名	学名	科名	形态特征	生物特征	园林应用	适应地区
水翁	水榕	*Cleistocalyx operculatus*	桃金娘科	常绿乔木。树冠广展。小枝近圆柱形或四棱形。叶对生，近革质，卵状长圆形或狭椭圆形，叶色浅绿。花小，绿白色，有香味	喜肥，耐湿性强，喜生于水边，一般土壤可生长。有一定的抗污染能力	做风景树，多植于湖堤边，花有香味	产于我国广东、广西、云南、海南
龙眼	桂圆	*Dimocarpus longan*	无患子科	常绿乔木。偶数羽状复叶，对生或互生。圆锥花序，杂性同枝。核果状果实圆形，外皮黄褐色,果肉为假种皮，白色肉质	喜高温，生育适温为20~30℃。土壤适应性范围广，但以土层深厚且排水良好为佳	我国南方名果，树姿雄伟壮观，又为优良的庭院风景树和绿阴树	我国西南部至东南部栽培很广，以福建、广东、云南、广西为多
幌伞枫	罗伞枫	*Heteropanax fragrans*	五加科	常绿乔木。茎干直立，常不分枝。3~5 回羽状复叶，集生于干顶。圆锥花序顶生，主轴及分枝密被星状茸毛。花淡黄白色，芳香	树大苍劲，耐阴，喜温暖至高温，生育适温为 18~28℃	优良的行道树和庭院风景树	我国云南南部、广西、广东西南部及海南
五桠果	第伦桃	*Dillenia indica*	五桠果科	常绿乔木。枝条粗壮而开展。叶片亮泽，浓密，紧凑，叶色富于变化。每个花蕾足有一个青苹果般大	喜高温、湿润、阳光充足的环境，生长适温为 18~30℃。对土壤要求不严，土层深厚、湿润、肥沃的微酸性壤土中生长最好	主要做行道树和庭院绿化树栽培	我国海南、云南、广西、广东有种植
厚壳桂	攀桂	*Cryptocarya chinensis*	樟科	常绿乔木。单叶互生，油亮，明显 3 出脉。其核果被增大的花被所包裹，有像南瓜似的纹路	喜温暖、湿润的气候。对土质要求不严，但以土层深厚、富含有机质的壤土为好	其抗病虫害能力强，是良好的绿化树种	产于我国四川、广西、广东、福建及台湾
潺槁树	潺槁木姜子	*Litsea glutinosa*	樟科	常绿小乔木。枝有柔毛。叶互生，椭圆形。花小，排成腋生的伞形花序	喜温暖、湿润的气候，对土质要求不严	可作行道树栽培	我国华南地区

续表

中文名	别名	学名	科名	形态特征	生物特征	园林应用	适应地区
杨梅	珠红	*Myrica rubra*	杨梅科	常绿乔木。叶互生，倒卵形。核果球形或椭圆形，外被细瘤粒，熟果鲜红色，酸甜可口	喜半日照或明亮的散射光。生长适温为25~28℃，越冬温度不得低于12℃	枝繁叶茂，树冠圆整，十分可爱，是园林绿化结合生产的优良树种	我国长江以南各省区，以浙江栽培最多
朴树	相思	*Celtis sinensi*	榆科	落叶乔木。叶广卵形或椭圆形，边缘上半部有浅锯齿，叶脉三出。核果近球形，熟时橙红色	对土质不拘，喜排水良好，日照需充足。生育适温为18~28℃。移植以早春季节为好	绿阴浓郁，树冠宽广，是城乡绿化的重要树种。可孤植做庭阴树，也可做行道树	产于我国淮河流域、秦岭以南至华南各省区
榆树	榔树	*Ulmus pumila*	榆科	落叶乔木。小枝灰色，常排列成2列状。叶椭圆状卵形，边缘具单锯齿。花先于叶开放，紫褐色。翅果近圆形	喜温暖、向阳的环境和肥沃、湿润的微酸性土壤。适应性强，耐寒、耐旱，不耐瘠薄	树干通直，适应性强，生长快，是绿化的重要树种，可栽植做行道树、庭阴树	产于我国东北、华北、西北及华东等地区
鳄梨	樟梨	*Persea americana*	樟科	常绿乔木。叶互生，上面绿色，下面稍苍白色。聚伞状圆锥花序，花淡绿带黄色。核果大，肉质，通常梨形，黄绿色或红棕色	根浅，枝条脆弱，不能耐强风，对土壤适应性较强。耐寒性也比较强	花、果均可供观赏，适宜在园林绿地中栽植。果实和种子营养丰富，可供食用	我国海南、广东、福建、台湾、云南有引种
光叶榉	榉树	*Zelkova serrata*	榆科	落叶乔木。叶长圆状卵形或卵状技针形。花单性同株。坚果斜卵形或歪球形。秋叶变黄色，古铜色或红色	喜温暖、湿润的气候，对土质要求不严，但以土层深厚、富含有机质的黏壤土为好	庭阴树、行道树	分布于我国东北南部至华中、华东、西南地区
猫尾木	猫尾	*Dolichandrone cauda-felina*	五加科	常绿乔木。羽状复叶，亮绿色。花大，不规则漏斗状。蒴果圆柱形，悬垂，生稠密的褐黄色茸毛，形似猫尾	偏阳性树种。喜深厚、肥沃、疏松的沙壤土	树冠浓郁，花大而美丽，在热带地区多栽培做园林风景树	原产于我国广东南部、海南、广西和云南南部

*** 续表 ***

中文名	别名	学名	科名	形态特征	生物特征	园林应用	适应地区
菜豆树	幸福树	*Radermachera sinica*	紫葳科	常绿乔木，高可达10m。叶 2~3 回奇数羽状复叶，小叶对生，卵形或椭圆形，先端尖锐，全缘或不规则分裂	喜暖热环境，生长适温为 20~30℃。对土壤要求不严	庭院绿化及行道优良树种	分布于我国台湾、广东、广西及云南
银叶风铃树	银钟花	*Tabebuia caraiba*	紫葳科	常绿乔木。叶片银灰绿色，枝干均被银白色鳞片，掌状复叶，小叶 5~7 片，全缘。花冠漏斗状铃形，金黄色，花姿金黄亮丽	喜暖热环境，生长适温为 20~30℃	适合做园景树、行道树	原产于东南亚。我国华南地区有少量引种
黄花风铃树	黄花风铃木、黄钟树	*Tabebuia chrysantha*	紫葳科	常绿乔木，高达 10m。树皮有深刻裂纹。掌状复叶。花冠漏斗形，也像风铃状，花缘皱曲，花色鲜黄	喜光，喜暖热环境，生长适温为 20~30℃。土壤以肥沃的砂质壤土为佳	花季时花多叶少，颇为美丽。适合做园景树、行道树	原产于南美洲。我国华南地区有少量引种
南美风铃树	榉树	*Tabebuia impetiginos*	紫葳科	常绿乔木，高达 10m。掌状复叶。花冠铃形，5 裂，有淡粉红色、洋红色、紫红色。总状花序，成圆球形	喜光，喜暖热环境，生长适温为 20~30℃。土壤以肥沃的砂质壤土为佳	花团锦簇，具观赏价值，供庭院观赏或做行道树	原产于南美洲。我国华南地区有少量引种
洋红风铃树		*Tabebuia rosea (pentaphylla)*	紫葳科	常绿乔木，高达 10m。掌状复叶	喜光，喜暖热环境，生长适温为 20~30℃。土壤以肥沃的沙壤土为佳	开花时，整棵树都是洋红色花朵，宛若樱花，颇具观赏价值，供庭院观赏或做行道树	原产于南美洲。我国华南地区有少量引种
粉花风铃树		*Tabebuia rosea-alba*	紫葳科	常绿乔木，高达 10m。掌状复叶。花大型，淡粉红色，在春季开花，像风铃般挂在树上，非常漂亮	喜光，喜暖热环境，生长适温为 20~30℃。土壤以肥沃的砂质壤土为佳	花团锦簇，具观赏价值，供庭院观赏或做行道树	原产于南美洲。我国华南地区有少量引种

*** 续表 ***

中文名	别名	学名	科名	形态特征	生物特征	园林应用	适应地区
棍棒椰子		*Hyophorbe verschaffeltii*	棕榈科	常绿乔木。树干通直，下部略窄，上部较膨大，状似棍棒。大型羽状复叶，集生于干顶	阳性植物。需强光，生育适温为 22~32℃，生长速度缓慢。耐热、耐寒、耐旱、耐湿、耐酸	树形优美，耐干燥及风雨，适于大型庭院、宽阔公园列植或群植	东南亚地区、我国华南地区有栽培
三角椰子		*Neodypsis decaryi*	棕榈科	常绿乔木，树干通直。叶羽状复叶，在茎上排成 3 列；叶柄基部膨大，中肋凸出，残留的叶柄使茎呈三棱柱	喜高温、光照，耐寒、耐旱，也较耐阴。生长适温为 18~28℃，可耐 -5℃低温	外形奇特，作观赏棕榈栽培，适合做大型盆栽，也可庭院美化栽植	热带、南亚热带
国王椰子	佛竹	*Ravenea rivularis*	棕榈科	常绿乔木。羽状复叶，小叶线形，排列整齐	喜光照，水分充足时生长更快。喜温暖、半阴的环境，较耐寒，生长适温为 20~22℃	羽叶密而伸展，飘逸而轻盈，为优美的热带风光树。园林上可作庭院配置、行道树	热带、南亚热带
狐尾椰子	狐尾棕	*Wodyetia bifurcata*	棕榈科	常绿乔木。叶色亮绿，簇生于茎顶，羽状全裂，长 2~3m；小叶披针形，轮生于叶轴上，形似狐尾而得名	生长适温为 20~28℃，冬季在 5℃以上可以安全过冬。对土壤要求不严，但疏松、肥沃、排水良好的壤土或砂质壤土最好	形态优美，树冠如伞，浓阴遍地，适应性广，可作庭院配置，或做行道树	热带、南亚热带
木蝴蝶		*Oroxylum indicum*	紫葳科	常绿乔木。叶对生，3~4 回羽状。花萼肉质，钟状，花冠橙红色。种子似蝴蝶形，薄片状，具翅	喜热带气候环境，对土质要求不严	公园及行道旁种植	产于我国福建、台湾、广东、广西、四川、贵州及云南

中文名索引

A

B

C

D

F

G

H

J

K

L

参考文献

[1] 赵家荣，秦八一．水生观赏植物［M］．北京：化学工业出版社，2003．

[2] 赵家荣．水生花卉［M］．北京：中国林业出版社，2002．

[3] 陈俊愉，程绪珂．中国花经［M］．上海：上海文化出版社，1990．

[4] 李尚志，等．现代水生花卉［M］．广州：广东科学技术出版社，2003．

[5] 李尚志．观赏水草［M］．北京：中国林业出版社，2002．

[6] 余树勋，吴应祥．花卉词典［M］．北京：中国农业出版社，1996．

[7] 刘少宗．园林植物造景：习见园林植物［M］．天津：天津大学出版社，2003．

[8] 卢圣，侯芳梅．风景园林观赏园艺系列丛书——植物造景［M］．北京：气象出版社，2004．

[9] 简·古蒂埃．室内观赏植物图典［M］．福州：福建科学技术出版社，2002．

[10] 王明荣．中国北方园林树木［M］．上海：上海文化出版社，2004．

[11] 克里斯托弗·布里克尔．世界园林植物与花卉百科全书［M］．郑州：河南科学技术出版社，2005．

[12] 刘建秀．草坪·地被植物·观赏草［M］．南京：东南大学出版社，2001．

[13] 韦三立．芳香花卉［M］．北京：中国农业出版社，2004．

[14] 孙可群，张应麟，龙雅宜，等．花卉及观赏树木栽培手册［M］．北京：中国林业出版社，1985．

[15] 王意成，王翔，姚欣梅．药用·食用·香用花卉［M］．南京：江苏科学技术出版社，2002．

[16] 金波．常用花卉图谱［M］．北京：中国农业出版社，1998．

[17] 熊济华，唐岱．藤蔓花卉［M］．北京：中国林业出版社，2000．

[18] 韦三立．攀援花卉［M］．北京：中国农业出版社，2004．

[19] 臧德奎．攀援植物造景艺术［M］．北京：中国林业出版社，2002．